全国普通高等学校机械类"十二五"规划系列教材

数控加工工艺与编程

主　编　薛东彬　刘有余　于　雷
副主编　沈明秀　于春海　何仁琪
参　编　姜　海　刘盛荣

华中科技大学出版社
中国·武汉

内 容 简 介

本书由八个部分组成,主要内容包括:数控技术的基本概念,数控加工工艺基础,数控编程基础,数控加工走刀路线的相关坐标计算,数控车床加工工艺与编程,数控铣床加工工艺与编程,用户宏程序与数控机床基本操作等。各部分内容讲解详细,并安排了大量的实例。

本书适合作为应用型本科机械设计制造及其自动化专业、机械工程及自动化专业和高职高专的机械、数控类专业的教材,也可作为数控技术人员的参考书。

图书在版编目(CIP)数据

数控加工工艺与编程/薛东彬,刘有余,于雷主编. —武汉:华中科技大学出版社,2013.2(2019.12重印)
ISBN 978-7-5609-8543-5

Ⅰ.①数…　Ⅱ.①薛…　②刘…　③于…　Ⅲ.①数控机床-加工-高等学校-教材　②数控机床-程序设计-高等学校-教材　Ⅳ.①TG659

中国版本图书馆 CIP 数据核字(2012)第 276254 号

数控加工工艺与编程　　　　　　　　　　薛东彬　刘有余　于　雷　主编

策划编辑:俞道凯
责任编辑:吴　晗
封面设计:范翠璇
责任校对:李　琴
责任监印:徐　露
出版发行:华中科技大学出版社(中国·武汉)　　电话:(027)81321913
　　　　　武汉市东湖新技术开发区华工科技园　　邮编:430223
录　　排:华中科技大学惠友文印中心
印　　刷:北京虎彩文化传播有限公司
开　　本:787mm×1092mm　1/16
印　　张:14.5
字　　数:368 千字
版　　次:2019 年 12 月第 1 版第 9 次印刷
定　　价:29.80 元

全国普通高等学校机械类"十二五"规划系列教材

编审委员会

全国普通高等学校机械类"十二五"规划系列教材

序

　　"十二五"时期是全面建设小康社会的关键时期,是深化改革开放、加快转变经济发展方式的攻坚时期,也是贯彻落实《国家中长期教育改革和发展规划纲要(2010—2020年)》的关键五年。教育改革与发展面临着前所未有的机遇和挑战。以加快转变经济发展方式为主线,推进经济结构战略性调整、建立现代产业体系,推进资源节约型、环境友好型社会建设,迫切需要进一步提高劳动者素质,调整人才培养结构,增加应用型、技能型、复合型人才的供给。当今世界的大发展大调整大变革时期和科技创新的新突破,迎接日益加剧的全球人才、科技和教育竞争,迫切需要全面提高教育质量,加快拔尖创新人才的培养,提高高等学校的自主创新能力,推动"中国制造"向"中国创造"转变。

　　为此,近年来教育部先后印发了《教育部关于实施卓越工程师教育培养计划的若干意见》(教高[2011]1号)、《教育部关于"十二五"普通高等教育本科教材建设的若干意见》(教高[2011]5号)、《关于"十二五"期间实施"高等学校本科教学质量与教学改革工程"的意见》(教高[2011]6号)、《教育部关于全面提高高等教育质量的若干意见》(教高[2012]4号)等指导性意见,对全国高等学校本科教学改革和发展方向提出了明确的要求。在上述大背景下,教育部高等学校机械学科教指委根据教育部高教司的统一部署,先后起草了《普通高等学校本科专业目录机械类专业教学规范》、《高等学校本科机械基础课程教学基本要求》,加强教学内容和课程体系改革的研究,对高校开办机械类办学情况和课程教学情况进行指导。

　　为了贯彻落实教育规划纲要和教育部文件精神,满足各高校高素质应用型高级专门人才培养要求,根据《教育部关于"十二五"普通高等教育本科教材建设的若干意见》文件精神,华中科技大学出版社在教育部高等学校机械学科教学指导委员会的指导下,联合一批机械学科办学实力强的高等学校、部分专业特色突出的学校和教指委委员、国家级教学团队负责人、国家级教学名师组成编委会,邀请来自全国高校机械学科教学一线的教师组织编写全国普通高等学校机械类"十二五"规划系列教材,将为提高高等教育本科教学质量和人才培养质量提供有力保障。

　　当前经济社会的发展,对高校的人才培养质量提出了更高的要求。该套教材在编写中,应着力构建满足机械工程师后备人才培养要求的教材体系,以机械工程知识和能力的培养为根本,与企业对机械工程师的能力目标紧密结合,力求满足学科、教学和社会三方面的需求;在结构上和内容上体现思想性、科学性、先进性,把握行业人才要求,突出工程教育特色。同时注意吸收教学指导委员会教学内容和课程体系改革的研究成果,根据教指委颁布的各课程教学专业规范要求编写,开发教材配套资源(习题、课程设计和实践教材以及数字化学习资源),适应新时期教学需要。

　　教材建设是高校教学中的基础性工作,是一项长期的工作,需要不断吸取人才培养模式和教学改革成果,吸取学科和行业的知识、新技术、新成果。本套教材的编写出版只是近年来各参与学校教学改革的初步总结,还需要各位专家、同行提出宝贵意见,以进一步修订、完善,不断提高教材质量。

国家级教学名师

华中科技大学教授、博导

2012 年 8 月

前　　言

　　数控技术在制造业中的应用越来越广泛,数控加工已经成为零件加工的主要方法之一,机械类的学生必须掌握数控加工工艺和数控编程的相关知识。"数控加工工艺与编程"课程是实践性很强的课程,此课程主要培养学生数控技术的应用能力,尤其是在生产现场进行零件加工工艺设计和加工程序编写的能力。

　　本书本着系统性和实用性相结合的原则,将数控加工工艺贯穿于始终。不仅在第1章就系统、全面地介绍了数控加工工艺的特点和分析、设计方法,而且在第4章、第5章、第6章等内容中进一步根据不同工艺方法的特点细化了加工工艺,从而使整本书紧扣工艺这条主线展开。围绕数控加工,详细介绍了数控机床的坐标系统定义,数控加工程序的结构和格式,数控编程中基点、结点的计算方法,用户宏程序的使用方法等。结合目前使用较广泛的 FANUC 0i 数控系统,详细描述了数控车床、数控铣床的编程方法,不仅包括普通指令的编程,而且包括固定循环指令的编程。对于固定循环指令的编程还介绍了华中世纪星数控车床系统的指令。各章节均配有多个实例和课后习题,以加强学生的实际训练。

　　本书由薛东彬、刘有余、于雷担任主编,沈明秀、于春海、何仁琪担任副主编,参加本书编写的有河南工业大学薛东彬(绪论、第6章),安徽工程大学刘有余(第1章),长春工程学院于雷(第7章),昆明学院沈明秀(第2章、第4章3、4、5节),吉林农业大学于春海(第5章1、2节),长江师范学院何仁琪(第5章3、4节),合肥学院姜海(第4章1、2节),黄山学院刘盛荣(第3章)。全书由薛东彬统稿。

　　限于编者水平,书中错误和不当之处在所难免,恳请读者批评指正。

编　者

2013 年元月

目　　录

绪　论

0.1　数控机床的产生与发展

1. 数控机床的产生

数字控制(numerical control,NC)简称数控,是指用数字信号构成的控制程序对某一受控对象的自动工作过程进行控制。数控机床是数字控制机床(numerical control machine tool)的简称,也称 NC 机床,是数控系统与被控机床本体的结合体。数控机床的工作过程受到数控程序的控制,产生各种运动部件的协调运动,从而加工出各种产品。

数控机床的产生源于电子计算机的问世(1946 年)和制造复杂零件的需求。1948 年,美国帕森斯(Parsons)公司为美国空军研制直升机旋翼叶片轮廓样板的加工设备。因为轮廓样板种类繁多、形状复杂、精度要求高,传统加工设备难以满足要求,所以帕森斯公司提出用计算机控制机床的设想。随后,该公司与美国麻省理工学院(MIT)伺服机构研究室合作,开始数控机床的研究。1952 年研制成功世界上第一台数控机床,此机床是一台三坐标直线插补连续控制的数控铣床,如图 0-1 所示。该机床的研制成功是机械制造行业的一次技术革命,标志着机械制造业进入了一个新的阶段。

图 0-1　第一台数控机床

2. 数控机床的发展历程

1) 数控系统的发展

从第一台数控机床诞生,随着电子技术的不断发展,数控系统也不断地更新换代。第一代(1952)采用电子管,第二代(1959)采用晶体管,第三代(1965)采用小规模集成电路,第四代(1970)采用大规模集成电路和小型计算机,第五代(1975)采用微处理器或微型计算机,第六代

(1995)采用基于微型计算机的开放式数控系统。

前三代数控系统主要由硬件电路连线构成，称为硬件数控。硬件数控系统由于具有很多的硬件电路和连接结点，电路复杂，所以可靠性较低，故障率较高。第四代以后的数控系统主要由计算机硬件和软件组成，称为计算机数控(computer numerical control)系统，简称 CNC 系统。在 CNC 系统中，软件完成了大部分数控功能，从而使系统硬件得到简化。CNC 系统功能扩充容易，柔性好，可靠性高。现在，前四代数控系统基本上已经退出历史舞台，在生产中使用较多的是第五代数控系统，少部分是第六代数控系统。在本书中讨论的数控系统均是指第四代以后的数控系统，即 CNC 系统。

2) 数控机床的发展

与数控系统不断升级换代同步，数控机床的种类和功能也不断地发展、提高，几乎所有品种的机床都实现了数控化。最早实现数控化的是铣床、车床等金属切削机床。1956 年，日本富士通(Fujitsu)公司研制成功数控转塔式冲床，从而把数控技术引入成形机床领域。1958年，美国 K & T(Keaney & Trecker)公司研制成功加工中心(machining center, MC)，这是对数控机床的重要发展。加工中心是在数控镗床、铣床或数控车床等一般数控机床上加装刀具数量不等的刀库和自动换刀装置，从而使工件在一次装夹中可以连续地进行铣、镗、钻、铰等多工序连续加工。加工中心与一般数控机床相比，减少了机床的占地面积、机床的数量和加工辅助时间，有效地提高了生产率。在 1967 年，出现了由多台数控机床连接成的可调节加工生产线，称为柔性制造系统(flexible manufacturing systems, FMS)。1978 年以后，加工中心迅速发展，各种类型的加工中心相继问世。1980 年以后，又出现了以一台加工中心为主体，再配上用于工件自动装卸的可交换工作台构成的柔性制造单元(flexible manufacturing cell, FMC)。

数控机床的机械结构也经历了从普通机床的局部改进，到独立设计全新结构的演变，一些种类的数控机床，例如并联机床，其机械结构已经完全没有普通机床的影子。目前，在制造业中使用较多的数控机床包括：数控车床、数控铣床、加工中心、数控磨床、数控电火花线切割机床等。

3. 数控机床的发展趋势

信息技术、电子技术和新材料技术的不断发展及应用，大大促进了数控机床性能的提高。作为机械制造业的基础装备，数控机床的发展趋势主要有以下八个方面。

1) 高精度化

从数控机床诞生到 21 世纪初的 50 多年中，数控机床的加工精度提高了 100 倍左右，差不多每八年提高 1 倍。近十年来，普通级数控机床的加工精度已经由 $\pm 10\ \mu m$ 提高到 $\pm 5\ \mu m$，达到 20 世纪 70 年代精密加工的水平，精密级加工中心的加工精度从 $\pm 3\ \mu m$ 提高到 $\pm 1\ \mu m$。新材料零件、更高精度要求的零件不断出现，这些都需要发展精度更高的数控机床。精密加工、超精密加工依然是数控机床的发展趋势。

2) 高速度化

随着刀具材料、刀具结构和机床结构的不断发展，数控机床的切削速度和进给速度也不断提高。例如在实际生产中，车、铣加工 45 钢的切削速度由 20 世纪 50 年代的 $80\sim 100\ m/min$ 提高到目前的 $500\sim 600\ m/min$；高速加工中心的换刀时间小于 1 s，工作台交换时间小于 2.5 s。通过全面提高数控机床各部分的执行速度，压缩非切削时间和切削时间是提高生产效率的主要方法，也是数控机床发展不断追求的目标之一。

3) 个性化

针对有特殊要求的零件群组，通过对机床布局和结构的创新设计，实现数控机床的个性化,使机床的性价比显著提高。低成本的个性化与数控机床的模块化和专业化密不可分,近年来对可重构机床(reconfigurable machine tools)技术的研究,为实现低成本的个性化提供了有益的探索。

4) 复合化

复合化是指在一台机床上实现或尽可能实现零件从毛坯到成品的全部加工。根据其结构,复合机床分为工序复合型和功能复合型两类。

工序复合型机床一般有铣头自动交换装置、主轴立卧转换头、双摆铣头、多主轴头和多回转刀架等配置,增加工件在一次安装下的加工工序数量。

功能复合型机床为跨加工类别的复合机床,包括不同加工工艺和方法的复合,如车铣复合机床、铣车复合机床、激光铣削复合机床、冲压激光复合机床等。德国德马吉(Demage)公司的车铣复合加工中心 CTX delta 4000 TC、日本池贝铁工所的铣车加工中心 TW4L Ⅱ 均是较典型的复合机床。

5) 高柔性化

所谓柔性,是指机床对零件变化的适应性。现在,数控机床在提高单机柔性化的同时,向着制造单元柔性化和制造系统柔性化方向发展。

6) 高可靠性

可靠性是数控机床质量的关键指标。数控机床要发挥其高精度、高速度,并获得高效益,关键取决于可靠性。衡量可靠性的重要量化指标是平均无故障工作时间(mean time between failures,MTBF),平均无故障工作时间是指机床连续两次故障之间的平均间隔时间。数控系统的 MTBF 已由 20 世纪 80 年代的 10 000 h 提高到目前的 50 000 h。数控机床整机的 MTBF 亦由 20 世纪 80 年代的 200 h 提高到目前的 1 000 h。可靠性的终极目标是在数控机床的整个生命周期内无故障。

7) 大型化和微型化

能源装备的大型化和航空航天工业的发展,需要重型及超大行程的数控机床。在超大行程范围内保持相应的加工精度和速度是目前重型数控机床的研究方向。

随着各种工业产品的微型化进展以及微机电系统应用的日益广泛,数控机床的微型化也提到日程上来了。微型机床包括微切削加工(如车、铣、磨等)机床、微电加工机床、微激光加工机床等。如图 0-2 所示为一种微型数控铣床。

图 0-2　微型数控铣床

8）配套装置和功能部件生产的专业化、多样化

不仅数控系统有专业化生产厂，关键的通用性功能部件（如电主轴、刀具自动交换系统、支承导轨、进给驱动机构、回转工作台等）也有专业化工厂生产，并且分工越来越细。新型的通用部件不断涌现。

0.2　数控机床的组成和工作过程

1. 数控机床的组成

数控机床由计算机数控系统和机床本体组成，如图 0-3 所示。计算机数控系统由信息输入/输出装置、数控装置、伺服系统及检测装置、机电接口等四大部分组成；机床本体是数控机床的支承、执行部分。

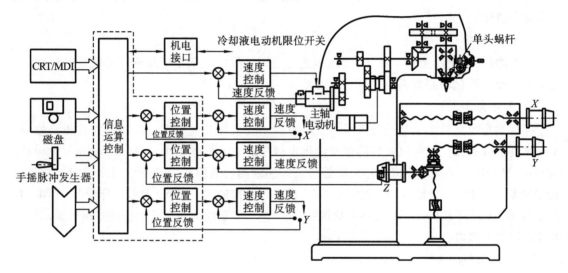

图 0-3　数控机床的组成

1）信息输入/输出装置

信息输入装置包括键盘、存储卡、RS-232 接口、按钮等，其作用是将零件加工程序、参数、命令送入数控装置。信息输出装置包括 CRT(cathode ray tube)或 LED(light emitting diode)显示器、指示灯、蜂鸣器等，其作用是将机床工作状态、各坐标轴位置、程序执行情况等显示出来，以便操作人员监控数控机床的运行过程。

2）数控装置

数控装置是一种专用计算机，一般由中央处理器(central processing unit，CPU)、存储器、总线、输入/输出接口等组成，是数控系统的核心，其作用是对数控加工程序进行译码、数据转换、插补计算，最后将加工程序信息转换为输出到伺服驱动系统的脉冲、电流或电压等控制信号。数控装置必须具备多种功能，如坐标轴联动控制功能、刀具补偿功能、插补功能、诊断功能、通信功能等。

3）伺服系统及检测装置

伺服系统及检测装置由伺服驱动控制电路、伺服电动机和检测装置组成，其作用是接收数控装置的控制信号，经过调节、转换、放大后去驱动伺服电动机，从而带动机床的执行部件运

动,并随时检测伺服电动机或工作台的实际运动情况,进行速度和位置反馈控制。

　　4) 机电接口

　　机电接口由继电接触器控制线路或可编程控制器(programmable logic controller,PLC)组成。其作用是接收数控装置发出的开关命令,完成机床的开关量控制,同时也是机床开关量信息反馈给数控装置的通道。机床的开关量控制主要包括主轴转速选择、启/停和正/反转控制、换刀、工件夹紧/放松、冷却液开关和液压、气动、润滑系统等的控制,以及机床其他辅助动作的控制。

　　5) 机床本体

　　机床本体包括机床的主运动部件、进给运动部件、执行部件和底座、立柱、刀架、工作台等基础部件。机床本体要具有较高的精度和刚度,良好的精度保持性,主运动、进给运动部件要有高运动精度和高灵敏度。

　　2. 数控加工过程

　　数控加工是指在数控机床上进行零件加工的一种工艺方法。数控加工过程如图 0-4 所示。主要步骤包括:数控加工程序编制,程序输入,执行加工程序。

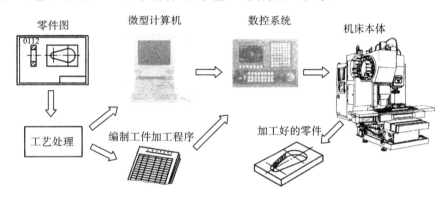

图 0-4　数控加工过程

　　1) 数控加工程序编制

　　在加工前,首先要对零件图样进行工艺分析和工艺设计,确定零件的加工工艺过程、加工顺序、走刀路线、切削用量、位移数据等,然后使用规定的代码,按照规定的格式编写数控加工程序,并记录在控制介质上。控制介质可以是纸质的程序单或电子存储设备。

　　2) 程序输入

　　控制介质上记录的加工程序必须由操作人员输入到数控装置中,数控机床才能根据加工程序进行加工。加工程序一般通过键盘手工输入,对于配置有读卡器的数控机床也可以通过读卡器输入存放于存储卡内的程序。

　　3) 执行加工程序

　　数控机床加工的过程也就是执行数控加工程序的过程,主要包括加工程序译码、刀具补偿处理、进给速度处理、插补、伺服控制和机床加工、机电接口控制等。

　　(1) 加工程序译码　在输入完成之后,CNC 装置就要对输入的加工程序进行译码,将程序中的零件轮廓信息、加工速度信息、补偿信息及其他辅助信息,按照一定的语法规则解释成CNC 装置能够识别的数据形式,并以一定的数据结构形式存放在指定的内存专用区域内。在译码过程中还要完成对程序段的语法检查等工作。

（2）刀具补偿　刀具补偿是数控装置在进行插补前要完成的一项准备工作。一般情况下，数控加工是以零件轮廓轨迹来编程的，但是数控装置实际控制的是刀具中心（刀架中心点、主轴中心点）的运动，而不是切削刀刃的轨迹。刀具补偿的作用是把零件轮廓轨迹转换为刀具中心轨迹。刀具补偿包括刀具半径补偿和刀具长度补偿。

（3）进给速度处理　数控装置在进行插补前要完成的另一项准备工作是进给速度处理。加工程序中的刀具移动速度是各坐标轴合成方向上的速度，进给速度处理要根据合成速度计算出各个坐标轴的分速度。此外，还要对机床允许的最低速度和最高速度的限制进行判别处理，以及用软件对进给速度进行自动加减速处理。

（4）插补　数控机床的坐标轴方向是固定的，刀具只能沿着某几个固定的方向运动。要使刀具沿着非坐标轴方向运动就必须用插补实现。所谓插补就是通过插补程序在一条曲线的起点和终点之间进行"数据点的密化"，求出一系列中间点坐标值的过程。

（5）伺服控制和机床加工　伺服控制可以由软件或硬件完成，其功能是控制坐标轴连续走过插补得到的各个坐标点。伺服控制信号经过相关处理，通过驱动元件和机械传动机构，使机床的执行机构运动，带动刀具相对工件按规定的轨迹和速度进行加工。伺服控制可以由数控装置完成，也可以由伺服系统实现。

（6）机电接口控制　机电接口控制主要处理数控装置与机床之间的开关量信号的输入、输出和控制，例如换刀、换挡、冷却等。

0.3　数控加工的特点

与普通机床加工相比，数控加工具有如下特点。

1. 对操作人员素质要求高

数控加工的操作人员不仅要具备机械加工的相关知识，还要具备数控编程的基本能力。只有加工程序正确无误，才能加工出合格的零件。

2. 加工适应性强

对于普通机床无法加工的复杂形状零件，数控加工有很好的适应性。复杂形状零件在汽车、纺织机械、航空航天、船舶、模具、动力设备和军事等工业部门的产品中具有十分重要的地位，其加工质量至关重要。数控机床能够控制多个进给轴联动从而实现刀具相对工件的复杂运动，因此数控加工可以加工出普通加工无法加工的复杂零件。

3. 自动化程度高

在数控机床上加工零件时，除了手工装卸工件外，其余加工过程都可以由机床自动完成。应用FMS加工零件时，上、下工件，检测，诊断，对刀，传输，调度，管理等也都可由机床自动完成。

4. 生产准备周期短

在数控机床上加工新的零件，大部分准备工作是根据零件图样重新编写数控加工程序，而机床的夹具、工装等工艺装备改动工作量较小。编程工作可以在新零件开始加工之前进行，这样就大大缩短了生产准备时间。因此，数控机床十分适合单件、小批量零件的加工，特别适用于新产品的开发。

5. 精度高，质量稳定

数控加工是按加工程序的指令自动进行加工的，在加工过程中一般不需要人工干预，这就消除了操作人员人为产生的误差。目前,数控加工的尺寸精度一般可达±5 μm,甚至更高。另外,数控机床可以通过实时自动补偿技术来减小热变形、受力变形和刀具磨损的影响,使加工精度的一致性得到保证,尤其提高了同一批零件生产的一致性,产品合格率高,加工质量稳定。

6. 生产效率高

数控加工的效率一般比普通机床的加工效率高 2～3 倍,尤其是在加工复杂零件时,生产效率可提高十几倍甚至几十倍。零件加工所需的时间主要包括走刀时间和辅助时间两部分。数控机床主轴的转速和进给量的变化范围比普通机床大,因此数控机床可选用最优的切削参数。因为数控机床结构刚度好,所以允许进行大切削用量的强力切削,这就提高了数控加工的切削效率,节省了走刀时间。数控机床的移动部件空行程时运动速度快,工件装夹时间短,换刀时间短,因此辅助时间比普通机床大为减少。

另外,对于需要长时间加工的零件可以实现白班有人看管和做好各项准备工作后,中、晚班在没有操作人员的情况下进行 24 h 甚至 72 h 的连续加工。这样在晚上、节假日可以实现不停机加工,大大提高了机床利用率和生产效率。

7. 减轻劳动强度,改善劳动条件

数控加工是按加工程序的指令自动进行加工的,操作者除输入加工程序和装卸工件、关键工序的中间测量及观察机床的运行之外,不需要进行繁重的重复手工操作,劳动条件和劳动强度大为改善。

8. 有利于生产管理

数控机床能准确地计算产品生产的工时和工件数量,并有效地简化检验、工夹具和半成品的管理工作。结合计算机辅助制造(computer-aided manufacturing,CAM)技术,甚至可以实现无纸化加工操作。

0.4　数控机床的分类

经过多年的发展,数控机床出现了多种分类方法,如按工艺用途分类,按控制运动的方式分类,按伺服系统的功能分类,按数控系统的功能水平分类等。

按工艺用途分类,可以把数控机床分为:金属切削机床(包括数控车、铣、磨、钻、加工中心等),金属成形机床(包括数控折弯机、开卷机、冲压机等),特种加工机床(包括数控电火花、线切割、激光机、火焰切割机)等。

按控制运动的方式分类,可以把数控机床分为点位控制机床、直线控制机床、轮廓控制机床等。

按伺服系统的功能分类,可以把数控机床分为开环控制机床、闭环控制机床、半闭环控制机床等。

按数控系统的功能水平分类,可以把数控机床分为两坐标两联动机床、三坐标两联动机床、三坐标三联动机床、四坐标四联动机床、五坐标五联动机床等。

0.5　本书的内容与任务

数控加工以工艺为先导,因此数控加工工艺设计是否正确、合理,是完成零件加工的前提;根据零件的加工工艺,正确编写零件加工程序是完成零件加工的关键;将加工程序输入数控机床、正确安装工装、刀具,操作数控机床执行加工是完成零件加工的保障。因此要想完成零件的数控加工,工艺设计、编写程序、操作机床这三个环节缺一不可,本书就是围绕这三个环节进行讲述的。

数控加工工艺设计的主要内容包括:根据零件技术要求合理地选择数控机床,确定数控机床加工内容;对零件图样进行数控加工工艺分析,明确加工内容及技术要求;具体设计数控加工工序,如工步的划分,工件的定位与夹具的选择,刀具的选择,切削用量的确定等;处理特殊的工艺问题,如对刀点、换刀点的选择,加工路线的确定,刀具补偿等;处理编程误差;处理数控机床上部分工艺指令,编制工艺文件。

编写数控加工程序就是将加工的工艺过程、工艺参数、运动方式、位置数据等信息,用规定的程序代码,按照规定的程序格式编写出数控加工程序并记录在控制介质上。控制介质可以是纸质的程序单或电子存储设备。

对于数控机床的操作,最基本的要求是熟悉数控机床的操作面板上各种按键、旋钮的功能和使用方法,掌握数控加工程序和各种参数的输入编辑方法,掌握数控机床的安全操作规程。

本课程的任务是使学生掌握数控加工工艺设计的关键技术、设计方法和一般流程;掌握手工编制数控车床、数控铣床(加工中心)加工程序的方法;熟悉数控车床、数控铣床(加工中心)的操作方法。通过学习,学生能够独立的完成一般复杂程度零件的数控加工。

0.6　本课程的学习方法

数控加工是一个实践性非常强的复杂过程,对于初学者来说,最主要的困难在于缺乏实践经验,因此,在本课程的学习过程中要紧紧抓住工艺这条主线。

对于新零件,要分析该零件由哪些型面组成,每个型面采用什么样的加工方法,在什么机床上进行加工。要对老师介绍的实例举一反三,归纳典型型面的加工方法。

对于同一个零件上的多个型面,要合理地安排每一个型面的加工顺序、安装方法、刀具和切削用量。这时要结合“机械制造技术”等先修课程,按照查找、理解、记忆、积累掌握的学习步骤,把先期理论知识逐步应用起来。

对于每一个型面的加工,均要有合理的走刀路线,也就是刀具应该从哪里出发,以什么速度,经过什么路径到达什么位置。数控机床的刀具可以沿着任意直线段或平面圆弧段运动,在设计走刀路线时,将走刀路线分解为直线段和圆弧段,这样,不论刀具的运动轨迹如何复杂都可以化简。

数控加工程序是由使用规定的指令代码,按照规定格式书写的程序段组成的。每一个指令代码均有固定的含义和用法,对于这些指令代码必须熟练掌握。数控加工程序用来控制机床的动作,因此,只有在熟记指令代码的基础上,才能用这些代码描述机床的动作。对于指令代码的学习要和机床的动作结合起来,因为机床的每个动作都由对应的指令代码控制。

总之,要学好本课程必须加强记忆、理解、勤于练习。

思考题与习题

0-1　简述数控技术的概念。

0-2　简述数控机床的组成和工作过程。

0-3　数控加工的特点是什么?

第1章　数控加工工艺基础

1.1　数控加工工艺概述

1.1.1　数控加工工艺的概念

数控加工工艺是指使用数控机床加工零件的一种工艺方法,数控加工工艺设计关系到所编零件加工程序的正确性与合理性。由于数控加工过程是在数控程序的控制下自动进行的,所以对数控程序的正确性与合理性要求甚高,不得有丝毫差错,否则加工不出合格零件;而数控程序是基于数控加工工艺编制的。因此,编制程序前,编程人员必须正确制订数控加工工艺。

1.1.2　数控加工工艺的主要内容

数控加工工艺是组织生产的主要依据,是工厂的纲领性文件。数控加工工艺设计是对工件进行数控加工的前期准备工作,只有在工艺设计方案确定以后,编程才有依据;否则,由于工艺方面的考虑不周,将可能造成数控加工的错误。因此,数控加工工艺设计决定了数控程序编制的质量。

数控加工工艺设计主要包括下列内容及步骤。

（1）数控加工工艺内容的选择　　工艺内容的选择是指选择适合在数控机床上加工的零件和工艺内容。

（2）数控加工方法的选择　　根据零件类别和加工表面特征,结合企业现有装备情况和加工能力,选择加工方法。

（3）数控加工工艺性分析　　数控加工工艺性分析包括进行零件图样和结构工艺性分析,明确加工内容及技术要求,在此基础上确定零件的加工方案。

（4）数控加工工艺路线设计　　数控加工工艺路线设计包括工序的划分与内容确定、加工顺序的安排、数控加工工序与传统加工工序的衔接等。

（5）数控加工工序设计　　数控加工工序设计包括工步的划分与走刀路线确定、零件的装夹方案与夹具的选择、刀具的选择、切削用量的确定等。

（6）数控加工工艺文件编制　　数控加工工艺文件包括数控编程任务书、数控机床调整单、数控加工工序卡片、数控加工走刀路线图、数控加工刀具卡片、数控加工程序单等。

1.1.3　数控加工工艺的基本特点

数控加工与通用机床加工相比较,在许多方面遵循的原则基本一致。但由于数控机床本身自动化程度较高,控制方式不同,设备费用也高,使数控加工工艺又有以下几个特点。

1. 工艺内容复杂、具体、严密

首先,数控加工工艺内容复杂。在数控加工前,要将机床的运动过程、零件的几何信息及工艺信息、刀具的形状、切削用量和走刀路线等都编入程序,这就要求程序设计人员具有多方面的知识基础。其次,数控加工工艺内容十分详细具体。通用机床上由操作工人在加工中灵活掌握并可通过适时调整来处理的许多工艺问题,在数控加工时都转变成为编程人员必须事先具体设计和具体安排的内容。最后,数控加工的工艺处理相当严密。在进行数控加工的工艺处理时,必须注意到加工过程中的每一个细节,构思要十分严密。编程人员不仅必须具备较扎实的工艺基础知识和较丰富的工艺设计经验,而且必须具有严谨踏实的工作作风,才能够做到全面周到地考虑零件加工的全过程,以及正确、合理地编制零件的加工程序。

2. 工序内容组合往往采用工序集中的原则

现代数控机床具有刚度大、精度高、刀库容量大、切削参数范围广及多坐标、多工位等特点,有可能在零件一次安装中完成多种加工方法和由粗到精的全过程,甚至可在工作台上装夹几个相同或相似的零件进行加工。所以在组合数控加工工序内容时,往往采用工序集中的原则。

工序集中可减少工件装夹次数,并尽可能在一次装夹后能加工出全部待加工表面,易于保证表面间位置精度,并能减少工序间的运输量,缩短生产周期;同时,由于工序数目减少,进而减少机床数量和工艺装备、操作工人数和生产面积,还可简化生产计划和生产组织工作。

3. 对难加工零件采用与传统加工方法不同的工艺

对于简单表面的加工,数控加工与传统加工方法无大差异;但对于一些复杂表面、特殊表面或有特殊要求的表面,数控加工就有着与传统加工根本不同的加工方法。例如:对于曲线、曲面的加工,传统加工是用划线、样板、靠模、预钻、砂轮、钳工等方法,不仅费时费力,且还不能保证加工质量,甚至产生废品;而数控加工则用多坐标联动自动控制方法加工,加工精度高,可达 $0.001 \sim 0.1$ mm,且不受产品形状及其复杂程度的影响,自动化加工消除了人为误差,使同批产品加工质量更稳定。采用数控加工,要正确选择加工方法和加工内容,甚至有时还要在基本不改变工件原有性能的前提下,对其形状、尺寸、结构等作适应数控加工的修改。

1.2　零件加工工艺分析

零件的数控加工工艺性问题涉及面很广,工艺人员应根据所掌握的数控加工基本特点及所用数控机床的功能与实际工作经验,力求把这一前期准备工作做得仔细、扎实一些,以便为后续工作铺平道路,减少失误与返工,不留遗患。

1.2.1　零件图分析,确定数控加工的内容

1. 尺寸标注方法分析

零件图上尺寸标注应符合数控加工特点。如图 1-1 所示,应以同一基准标注尺寸或直接给出坐标尺寸。这种标注方法既便于编程,又有利于设计基准、工艺基准、测量基准和编程原点的统一。

2. 轮廓几何要素分析

在手工编程时,要计算每个轮廓要素点的坐标;在自动编程时,要对构成零件轮廓的所有几何元素进行定义。因此,轮廓几何要素的条件应完整、准确。由于设计、制图等多方面原因,可能出现构成轮廓几何要素条件不充分、尺寸模糊不清或错误。

如图 1-2 所示,R47 圆弧与 $\phi180$ 圆柱的关系要求为相切,但根据图示尺寸计算却为相交。又如图 1-3 所示,图样上给定的几何条件自相矛盾,总长不等于各段长度之和。

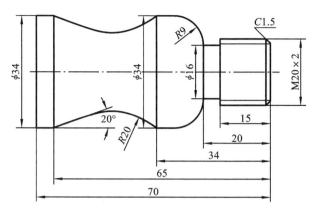

图 1-1　尺寸标注示例

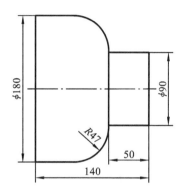

图 1-2　几何要素缺陷示例一

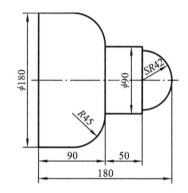

图 1-3　几何要素缺陷示例二

3. 精度及技术要求分析

　　只有在分析零件相关精度和表面粗糙度的基础上,才能对加工方法、装夹方式、刀具及切削用量进行正确而合理的选择。精度及技术要求分析的主要内容包括以下内容。

　　(1) 分析精度及各项技术要求是否齐全、是否合理。

　　(2) 分析本工序的数控加工精度能否达到图样要求,若达不到,需采取其他措施(如磨削)弥补的话,则应给后续工序留有余量。

　　(3) 找出图样上有位置精度要求的表面,这些表面应在一次安装下完成。

　　(4) 对表面粗糙度要求较高的表面,应使用线速度恒定的切削方式。

4. 确定数控加工内容

　　对于一个零件来说,并非全部加工工艺内容都适合在数控机床上完成,而往往只是其中的一部分工艺内容适合数控加工。这就需要对零件图样进行仔细的工艺分析,选择那些最适合、最需要进行数控加工的内容和工序。在考虑选择内容时,应结合本企业设备的实际情况,立足于解决难题、攻克关键问题和提高生产效率,充分发挥数控加工的优势。

　　1) 适于数控加工的内容

　　(1) 通用机床无法加工的内容应作为优先选择内容。

　　(2) 通用机床难加工,质量也难以保证的内容应作为重点选择内容。

　　(3) 通用机床加工效率低、工人手工操作劳动强度大的内容,可在数控机床尚存在富余加工能力时选择。

　　总之,数控机床适于加工品种变换频繁、批量较小、加工方法区别大且复杂程度较高的零件或内容。

　　2）不适于数控加工的内容

　　（1）要长时间占用机床进行调整的内容　如以毛坯面为粗基准定位加工第一个精基准,需用专用工装协调的内容。

　　（2）加工部位分散,需要多次安装、设置原点的内容　这时,采用数控加工很麻烦,效果不明显,可安排在通用机床上加工。

　　（3）按某些特定的制造依据（如样板等）加工的型面轮廓　主要原因是获取数据困难,易于与检验依据发生矛盾,增加了程序编制的难度。

　　此外,在选择和决定加工内容时,也要考虑生产批量、生产周期、工序间周转等情况。总之,要尽量做到合理选用加工机床,防止把数控机床降格为通用机床使用。

1.2.2　零件结构的工艺性分析

1. 车削类零件的结构工艺性

1）几何类型及尺寸统一性分析

　　零件的外形、内腔最好采用统一的几何类型及尺寸,这样可减少换刀次数,还可能应用控制程序或专用程序以缩短程序长度;零件的形状尽可能对称,便于利用数控机床的镜向加工功能来编程,以简化编程。如图1-4（a）所示,零件形状轴向对称,可简化编程;但退刀槽宽度不统一,需用两把不同宽度的切槽刀切槽,如无特殊需要,显然是不合理的。若改成图1-4（b）所示结构,只需一把切槽刀即可,这样既减少了刀具数量,少占了刀架刀位,又节省了换刀时间。

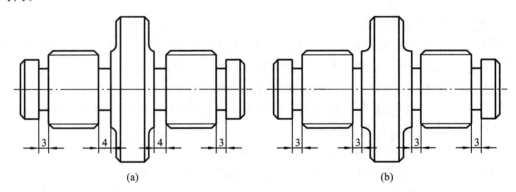

(a)　　　　　　　　　　　　　(b)

图1-4　零件几何尺寸统一性示例

2）表面精度及技术要求不同分析

　　一般零件包括配合表面与非配合表面。配合表面有较高精度及技术要求,其加工工艺一般安排如下:先粗车去除余量以接近工件形状,再半精车至留有余量的工件轮廓形状,最后精加工完成工件轮廓;而非配合表面因精度及技术要求较低,为提高生产率、延长刀具寿命,往往不安排精车或半精车工序。也就是说粗加工时只对需精加工的部位留余量,这就需在编制粗加工工艺时改变被加工工件精加工部位的尺寸。设图样标注尺寸为 D,改变后的尺寸为 D_1,则:$D_1 = D \pm$ 精加工余量（外廓取"＋",内腔取"－"）。采用改变工件结构尺寸的方法,可以避免对工件不必要的部位进行精加工。

3）悬伸结构分析

大部分车削是在零件悬伸状态下进行的,即零件尾端无支承或用顶尖支承。车削过程中将引起工件变形,可采用以下方法减小悬伸过长造成的变形。

（1）合理选择刀具角度　主偏角选择尽量大些,常选为 93°,以减小背吃刀量;前角一般选为 15°～30°;刃倾角选为正值,可选为 3°;刀尖圆弧半径选择小于 0.3 mm。

（2）选择合适的粗车循环方式　数控车削粗加工一般余量较大,应选用粗车循环方式去除余量,有两种方式:一种是局部循环去除余量,如图 1-5(a)所示;另一种是整体循环去除余量,如图 1-5(b)所示。

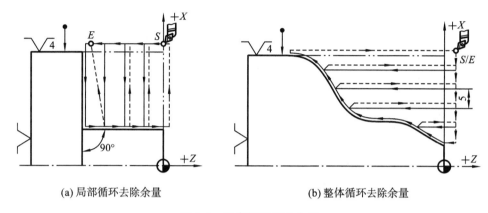

(a) 局部循环去除余量　　　　　　　　(b) 整体循环去除余量

图 1-5　粗车循环去除余量

整体循环去除余量方式径向进刀次数少、效率高,但会在切削开始时就减小工件根部尺寸,削弱工件抵抗切削变形能力;局部循环方式增加了径向进刀次数、降低了加工效率,但工件抵抗切削变形能力增强。

（3）改变刀具轨迹补偿切削变形　如果工件悬伸量过大,采用上述方法仍不能有效控制切削变形,可以改变刀具轨迹来补偿因切削力引起的工件变形,加工出符合图样要求的工件。刀具轨迹的修改要根据实际测得的工件变形量来设计。

4）内腔狭小类结构分析

某些套类零件直径小、长度长、内表面起伏较大,使得切削空间狭小、刀具动作困难。如图 1-6 所示的汽车加速杆螺纹套模具的凹模型腔,腔深且长,加工内螺纹时,为保证镗刀杆刚度,刀杆应尽可能粗。同加工阶梯轴一样,首先用粗车循环去除余量,通常考虑采用如图 1-7(a)所示的零点偏移方式,但由于镗刀需要较大退刀空间而无法实现,因此需根据零件内轮廓形状重新设计刀具走刀路线,不能按照工件的结构形状编程。重新设计的刀具走刀路线如图 1-7(b)所示。

5）薄壁结构分析

薄壁类零件刚度差,切削过程中易产生振动和变形,承受切削力和夹紧力能力差,易引起热变形。数控车削此类零件时可采取下列措施以提高加工精度。

（1）增加切削工序以逐步修正由于加工所引起的工件变形　薄壁类零件可安排粗车→半精车→精车几道工序,在半精车中修正粗车引起的工件变形,其中半精车余量等于粗加工后工件变形量加上精加工余量。如果还不能消除变形,要根据变形情况再适当增加切削工序。

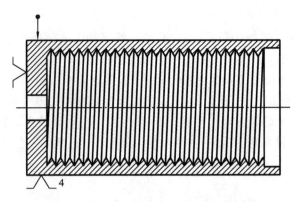

图 1-6　汽车加速杆螺纹套模具的凹模型腔

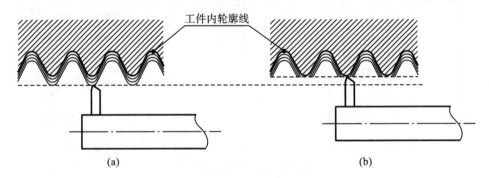

图 1-7　刀具粗车循环走刀路线

（2）粗、精加工工序分开，先内、外表面粗加工，再内、外表面精加工，依此类推，均匀切除材料。

（3）粗加工内、外表面时先加工余量较大部位，若内、外表面余量相同，则先加工内孔。

（4）精加工时先加工精度要求低的表面，再加工精度要求高的表面。

（5）增大工件的装夹接触面积，保证刀具锋利，加注切削液等。

2. 铣削类零件的结构工艺性

1）保证获得要求的加工精度

虽然数控铣床的加工精度高，但对一些特殊情况，如过薄的肋板与底板零件，因为加工时产生的切削拉力及薄板的弹性退让极易产生切削面的振动，使薄板厚度尺寸公差难以保证，其表面粗糙度也将增大。根据实践经验，当面积较大的薄板厚度小于 3 mm 时就应充分重视这一问题，并采取相应措施来保证其加工的精度。如在编程时，利用机床的循环功能，减小每次进刀的切削深度或切削速度，从而减小切削力等方法，来控制零件在加工过程中的变形与振动。

2）选择较大的轮廓内圆弧半径

轮廓内转接圆弧半径常常限制刀具的直径。如图 1-8 所示，如工件的被加工轮廓高度低，转接圆弧半径也大，可以采用较大直径的铣刀来加工，且加工其底板面时，进给次数也相应减少，表面加工质量也会好一些，因此工艺性较好；反之，数控铣削工艺性较差。一般来说，当 $R < 0.2H$（H 为被加工轮廓面的最大高度）时，可以判定零件上该部位的工艺性不好；这种情况下，应选用不同直径的铣刀分别进行粗、精加工，以最终保证零件上内转接圆弧半径的要求。

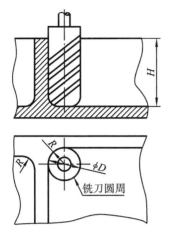

图 1-8　选择较大的轮廓内圆弧半径

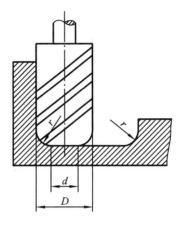

图 1-9　零件槽底部圆角半径不宜过大

3）零件槽底部圆角半径不宜过大

铣削面的槽底面圆角或底板与肋板相交处的圆角半径 r（见图 1-9）越大，铣刀端刃铣削平面的能力越差，效率也越低，当 r 大到一定程度时甚至必须用球头刀加工，这是应当尽量避免的。因为铣刀与铣削平面接触的最大直径 $d=D-2r$（D 为铣刀直径），当 D 越大而 r 越小时，铣刀端刃铣削平面的面积越大，加工平面的能力越强，铣削工艺性当然也越好。有时，当铣削的底面面积较大，底部圆弧 r 也较大时，只能用两把圆角半径 r 不同的铣刀（一把圆角半径 r 小些，另一把圆角半径 r 符合零件图样的要求）分两次进行切削。

4）尽量统一零件外廓、内腔的几何类型和有关尺寸

数控铣床上多换一次刀要增加不少新问题，如增加铣刀规格、计划停车次数和对刀次数等，不但给编程带来许多麻烦，增加生产准备时间而降低生产效率，而且也会因频繁换刀增加了工件加工面上的接刀阶差而降低了表面质量。因此，在一个零件上应尽量统一零件外廓、内腔的几何类型和有关尺寸。一般来说，即使不能寻求完全统一，也要力求将数值相近的圆弧半径分组靠拢，达到局部统一，以尽量减少铣刀规格与换刀次数，提高表面质量。

5）保证基准统一原则

有些工件需要在铣完一面后再重新安装铣削另一面，由于数控铣削时不能使用通用铣床加工时常用的试切方法来接刀，往往会因为工件的重新安装而接不好刀（即与上道工序加工的面接不齐或造成本来要求一致的两对应面上的轮廓错位）。这时，最好采用统一基准定位，因此零件上最好有合适的孔作为定位基准孔。如果零件上没有基准孔，也可以专门设置工艺孔作为定位基准（如在毛坯上增加工艺凸耳或在后续工序要铣去的余量上设基准孔）。

6）分析零件的变形情况

工件在数控铣削加工时的变形，不但影响加工质量，而且当变形较大时，经常造成加工不能继续进行下去的后果。这时就应当考虑采取一些必要的工艺措施进行预防，如对钢件进行调质处理，对铸铝件进行退火处理，对不能用热处理方法解决的，也可考虑粗、精加工及对称去余量等常规方法。此外，还要分析加工后的变形问题，采取工艺措施进行修正。

有关铣削件的结构工艺性实例见表 1-1。

表 1-1　典型铣削件的结构工艺性实例

序号	A　工艺性差的结构	B　工艺性好的结构	说　明
1	$R_2<\left(\frac{1}{5}\sim\frac{1}{6}\right)H$	$R_2>\left(\frac{1}{5}\sim\frac{1}{6}\right)H$	B 结构可选用较高刚度刀具
2			B 结构需用刀具比 A 结构少,减少了换刀的辅助时间
3		ϕd	B 结构 R 大,r 小,铣刀端刃铣削面积大,生产效率高
4	$a<2R$	$a>2R$	B 结构 $a>2R$,便于半径为 R 的铣刀进入,所需刀具少,生产效率高
5	$\frac{H}{b}>10$	$\frac{H}{b}\leqslant10$	B 结构刚度好,可用大直径铣刀加工,生产效率高

序号	A　工艺性差的结构	B　工艺性好的结构	说　　明
6	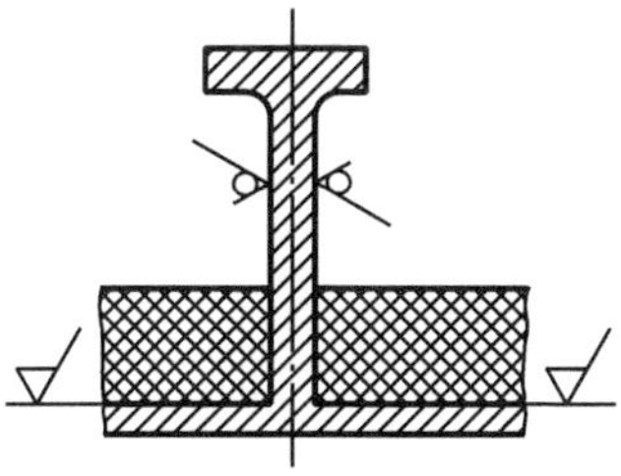	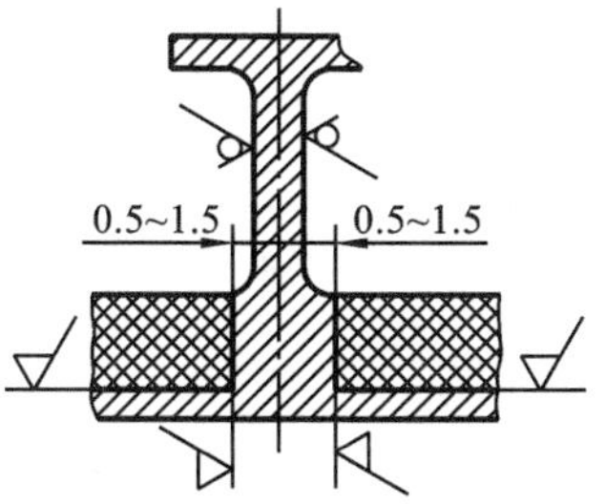 0.5~1.5　　0.5~1.5	B结构在加工面和不加工面之间加入过渡表面,减少了切削量
7			B结构用斜面肋代替阶梯肋,节约材料,简化编程
8	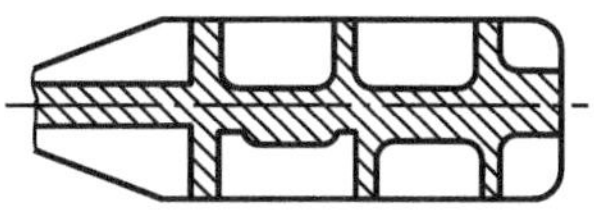	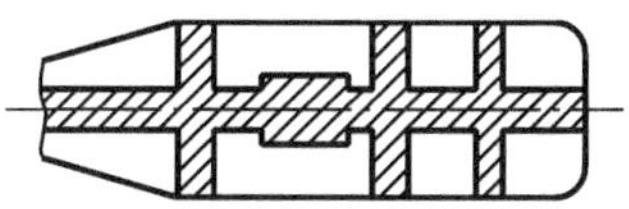	B结构采用对称结构,简化编程

1.2.3　零件毛坯的工艺性分析

零件在进行数控加工时,由于加工过程的自动化,余量的大小、如何装夹等问题在设计毛坯时就要仔细考虑好;否则,加工将很难进行下去。根据经验,下列几方面应作为毛坯工艺性分析的要点。

1) 毛坯应有充分、稳定的加工余量

毛坯一般是锻、铸件。因模锻时的欠压量与允许的错模量会造成余量不等;铸造时也会因砂型误差、收缩量及金属液体的流动性差不能充满型腔等造成余量不等。此外,锻、铸后,毛坯的翘曲与扭曲变形量的不同也会造成加工余量不充分、不稳定。因此,除板料外,不论是锻件、铸件还是型材,只要准备采用数控加工,其被加工表面均应有较充分的余量。经验表明,数控加工中最难保证的是加工面与非加工面之间的尺寸,这一点应特别重视。在这种情况下,如果已确定或准备采用数控加工,就应事先对毛坯的设计进行必要更改或在设计时就加以充分考虑,即在零件图样注明的非加工面处也增加适当余量。

2) 分析毛坯的装夹适应性

分析毛坯的装夹适应性主要是考虑毛坯在加工时定位夹紧方面的可靠性与方便性,以便在一次安装中加工出较多表面。对不便于装夹的毛坯,可考虑在毛坯上另外增加装夹余量或工艺凸台、工艺凸耳等辅助基准。如图 1-10 所示,该工件缺少合适的定位基准,所以要在毛坯上铸出两个工艺凸耳,在凸耳上制出定位基准孔。

3) 分析毛坯的余量大小及均匀性

分析毛坯的余量大小及均匀性主要是考虑在加工时要不要分层切削,分几层切削。也要分析加工中与加工后的变形程度,考虑是否应采取预防性措施与补救措施。如对于热轧中、厚铝板,经淬火时效后很容易在加工中与加工后变形,最好采用经预拉伸处理后的淬火板坯。

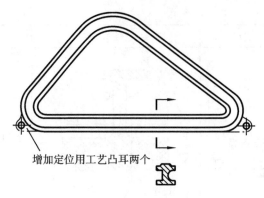

增加定位用工艺凸耳两个

图 1-10　增加辅助基准示例

1.3　数控加工工艺设计

通常,数控加工工艺的设计按下述步骤进行。

1.3.1　加工方法和加工机床的选择

加工方法选择的原则是保证表面的加工精度和粗糙度要求。由于获得同一级精度及表面粗糙度要求的加工方法一般有多种,故在实际选择加工方法时,应结合零件的加工精度、表面粗糙度、结构形状、尺寸、材料及生产类型等因素综合考虑。

1. 回转体零件

对于轴套类、轮盘类回转体零件,一般由同轴线的圆柱面、圆锥面、圆弧面、退刀槽、螺纹及键槽等要素组成,可用数控车床或数控磨床来加工。如图 1-11 所示的轴,其轮廓由直线、圆弧和螺纹构成,加工余量大且不均匀。可考虑用粗车循环指令切出零件精加工轮廓,再用精车循环指令加工出零件轮廓,然后进行切槽和车螺纹加工,最后切断工件。

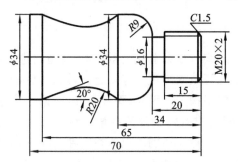

图 1-11　回转体零件的加工

2. 平面和曲面类零件

平面可在数控铣床上采用端铣刀和立铣刀加工。粗铣的尺寸精度和表面粗糙度一般可达 IT11～IT13 级,$Ra6.3～25~\mu m$;精铣的尺寸精度和表面粗糙度一般可达 IT8～IT10 级,$Ra1.6～6.3~\mu m$。当零件表面粗糙度要求较高时,应尽量采用顺铣方式。

平面轮廓零件的轮廓多由直线和圆弧构成,一般可在两轴联动的数控铣床上加工;亦可在数控线切割机床上加工,特别是对有斜度的平面轮廓,在数控线切割机床上加工更加方便。图 1-12 所示为铣削平面轮廓实例,若采用半径为 R 的铣刀,则双点画线为刀具中心的运动轨迹。

对于与水平面成一固定夹角的斜面加工,如图 1-13 所示,可用不同的刀具,有各种不同的加工方法,所以应考虑零件的尺寸要求、倾斜的角度、主轴箱的位置、刀具的形状、机床的行程、零件的安装、编程的难易程度等因素之后,选定一个比较好的加工方法。

对于飞机上使用的具有变斜角外形轮廓的一些零件,最理想的加工方法是用多轴联动的

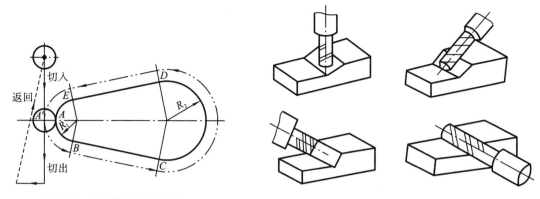

图 1-12　平面轮廓零件的加工　　　　　　**图 1-13　主轴摆角加工固定斜角面**

数控铣床加工,如图 1-14(a)是四轴联动加工变斜角面;图 1-14(b)是五轴联动加工变斜角面。若没有多轴联动的数控铣床,也可用锥形铣刀或鼓形铣刀在三轴数控机床应用两轴半联动多次行切来加工,如图 1-15 所示。

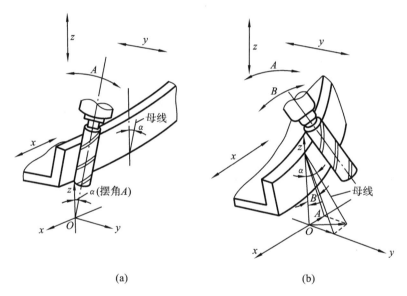

(a)　　　　　　　　　　　　(b)

图 1-14　四、五轴数控铣床加工零件变斜角面

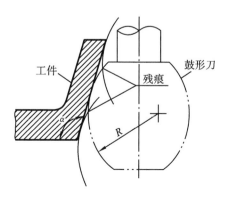

图 1-15　用鼓形铣刀分层铣削变斜角面

立体曲面的加工应根据曲面形状、刀具形状以及精度要求采用不同的铣削加工方法,如两轴半、三轴、四轴及五轴等联动加工,如图 1-16 所示。为保证加工质量和使刀具受力状况良好,加工中应尽量使刀具回转中心线与加工表面处处垂直或相切。

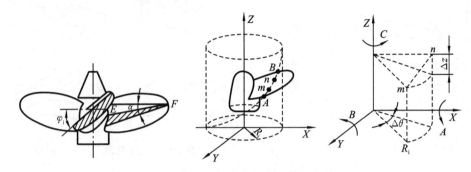

图 1-16　曲面的五轴联动加工

3. 孔系零件

这类零件孔数多、孔间位置精度较高,宜采用数控钻床、数控镗床或加工中心来加工。编程时,应多采用子程序以减少程序段的数目,减轻程序员工作强度并提高加工的可靠性。

1.3.2　定位基准的选择

数控机床上工件安装时要合理选择定位基准和夹紧方式,选择时需注意以下几点。

(1) 力求使工艺基准与设计基准、编程计算的基准统一,以减少定位误差对尺寸精度的影响。

(2) 一般选择零件上不需加工的平面和孔作定位基准。

(3) 尽量将工序集中,减少装夹次数,尽可能在一次装夹后能加工出全部待加工表面。

(4) 夹紧力的作用点应落在工件刚度较好的部位。对薄板件,定位基准的选择应有利于提高工件的刚度,以减小切削变形。

(5) 避免采用占机时间长的人工调整式方案,以充分发挥数控机床的效能。

1.3.3　夹具的选择

为充分发挥数控机床的高精高效和自动化的效能,工件的定位夹紧需适应数控机床的要求。装夹方案的选择关键在于夹具的选用。数控加工用夹具应具有较高的定位精度和刚度,结构简单,通用性强,一次装夹加工多个表面,便于在机床上安装夹具及迅速装卸工件等特性。数控加工对夹具提出两个基本要求:首先要保证夹具的坐标方向与机床的坐标方向相对固定;其次要协调工件和机床坐标系的尺寸关系。

此外还要考虑以下内容。

(1) 单件小批量生产条件下,应尽量采用组合夹具、可调夹具或通用夹具,以缩短生产准备时间,提高生产率。

(2) 当批量较大时可以考虑采用专用夹具。

(3) 应采用夹紧、松放辅助时间短的夹具。

(4) 夹具定位、夹紧精度应满足加工精度的要求。

(5) 夹具上的各零件不能干涉加工进程,即夹具上各零件应不妨碍机床对工件各表面的加工,夹具要敞开,其定位、夹紧机构不能影响加工时刀具的进给。

（6）夹具设计应方便清扫、排屑。

1.3.4　工艺路线的设计

数控加工工艺路线设计往往不是指从毛坯到成品的整个工艺过程的描述,而仅是几道数控加工工序工艺过程的具体描述,这是数控加工工艺路线设计与通用机床加工工艺路线设计的主要区别。由于数控加工工序一般都穿插于零件加工的整个工艺过程中,因而要与其他加工工艺衔接好。常见工艺流程如图 1-17 所示。数控加工工艺路线设计中应注意以下几个问题。

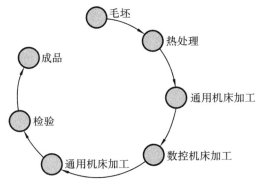

图 1-17　工艺流程

1. 工序的划分

在数控机床上加工零件,应按工序集中的原则划分工序,粗、精加工在一次装夹下完成,但应分开进行;同时,还要尽量提高生产效率,减少换刀次数与空行程,加工路线尽量短。根据数控加工的特点,工序的划分可按下列方法进行。

（1）按零件装夹方式划分工序　这种方法适合于加工内容较少的零件,加工完后就能达到待检状态。通常以一次安装、加工作为一道工序。

（2）按所用刀具划分工序　为减少换刀次数,压缩空程时间,减少不必要的定位误差,可按刀具集中工序的方法加工零件,即在一次装夹中,尽可能用同一把刀具加工出可能加工的所有部位,然后再换另一把刀具加工其他部位。在专用数控机床和加工中心中常采用这种方法。

（3）按零件加工表面划分工序　将位置精度要求较高的表面安排在一次安装下完成,以免多次安装所产生的安装误差影响加工后的位置精度。

（4）按加工部位划分工序　对于加工内容很多的工件,可按其结构特点将加工部位分成几个部分,如内腔、外形、曲面或平面,并将每一部分的加工作为一道工序。

（5）按粗、精加工划分工序　对于毛坯余量较大和加工精度要求较高的零件,应将粗、精加工分开、分成两道或更多道工序。将粗加工安排在精度较低、功率较大的机床上,将精加工安排在精度较高的数控机床上。通常在一次安装中,不允许将零件某一部分表面加工完毕后,再加工零件的其他表面。

2. 加工顺序的安排

加工顺序的安排一般应遵循以下原则。

（1）先粗后精　按照粗加工→半精加工→精加工的顺序进行,逐步提高加工精度。粗加工的目的是提高金属切除率,同时满足精加工的余量均匀性要求,如图 1-18 粗车要切除双点画线内部分,常采用循环指令。若粗加工后所留余量的均匀性满足不了精加工的要求,则需安排半精加工,以此为精加工做准备。精加工要保证加工精度,按图样尺寸一刀切出零件轮廓。

（2）先近后远　一般情况下,离起刀点近的部位先加工,离起刀点远的部位后加工,以便缩短刀具移动距离,减少空行程时间。对车削面言,先近后远还有利于保持坯件或半成品的刚度,改善其切削条件。例如加工图 1-19 所示零件,若第一次吃刀量未超限,则应按 $\phi34\rightarrow\phi36\rightarrow\phi38$ 的次序先近后远地安排加工顺序。

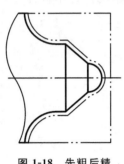

图 1-18　先粗后精

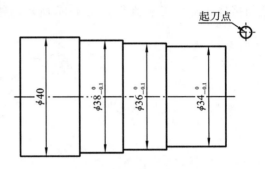

起刀点

图 1-19　先近后远

（3）内外交叉　对内、外表面均需加工的零件,应先内、外表面粗加工,再内、外表面精加工;粗加工内、外表面时先加工余量较大部位,若内、外表面余量相同,则先加工内腔;精加工时先加工精度要求低的表面,再加工精度要求高的表面。

（4）基面先行　用作精基准的表面应优先加工出来,因为定位基准的表面越精确,装夹误差就越小。例如,轴类零件加工时,总是先加工中心孔,再以中心孔为精基准加工外表面和端面。

安排加工顺序时,还应考虑上道工序的加工不能影响下道工序的定位与夹紧,中间穿插有通用机床加工工序的也应综合考虑;以相同定位、夹紧方式加工或用同一把刀具加工的工序,最好连续加工,以减少重复定位次数、换刀次数与挪动压板次数。

3. 数控加工工艺与传统加工工序的衔接

数控加工工序前后一般都穿插有其他传统加工工序,如衔接得不好就容易产生矛盾。因此在熟悉整个加工工艺内容的同时,要清楚数控加工工序与传统加工工序各自的技术要求、加工目的、加工特点,如:要不要留加工余量、留多少,定位面与孔的精度要求及形位公差,对校形工序的技术要求,对毛坯的热处理状态等。处理好这些技术要求,才能使各工序达到相互满足加工需要,且质量目标及技术要求明确,交接验收有依据。

1.3.5　走刀路线的确定

走刀路线泛指刀具从对刀点(或机床固定原点)开始运动起,直到返回该点并结束加工程序所经过的路径,包括切削加工的路径及刀具切入、切出等非切削空行程。走刀路线是刀具在整个加工工序中的运动轨迹,不但包括了工步的内容,也反映出工步顺序,是编写程序的依据之一。走刀路线的确定总体上有以下原则。

（1）应能保证零件的加工精度和表面粗糙度要求。

（2）应尽量缩短走刀路线,减少刀具空程移动时间。

（3）最终轮廓尽量一次进给完成。

（4）选择使工件在加工后变形小的路线。

（5）应使数值计算简单，程序段数量少，以减少编程工作量。

1. 车削走刀路线的确定

1）粗加工走刀路线确定原则

数控车削粗加工时，若余量过大，一般要应用循环功能切除余量。对轴套类工件，可沿径向进刀、轴向走刀路线加工；对轮盘类工件，可沿轴向进刀、径向走刀路线加工；对铸锻件，因毛坯与零件形状相似，可沿工件轮廓线加工，逐渐逼近图样尺寸。另外，粗加工走刀路线还要注意以下原则。

（1）最短的空行程路线　　主要体现在巧设起刀点、换刀点，以及合理安排"回零"路线三个方面。

① 巧设起刀点。图 1-20 所示为采用矩形循环方式进行粗车的加工路径图，其换刀点 O 偏离工件较远，是为了满足换刀的需要。图 1-20(a)将起刀点 A 与换刀点 O 重合，沿 $A \rightarrow B \rightarrow C \rightarrow D \rightarrow A \rightarrow E \rightarrow F \rightarrow G \rightarrow A \rightarrow H \rightarrow I \rightarrow J \rightarrow A$ 走刀路线加工；图 1-20(b)将起刀点 A 与换刀点 O 分离，沿 $O \rightarrow A \rightarrow B \rightarrow C \rightarrow D \rightarrow A \rightarrow E \rightarrow F \rightarrow G \rightarrow A \rightarrow H \rightarrow I \rightarrow J \rightarrow A \rightarrow O$ 路线加工。显然，图 1-20(b)走刀路线短，避免不必要的空行程，可节省加工时间，降低机床部件损耗。

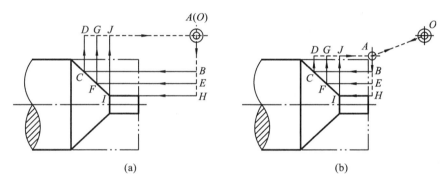

图 1-20　巧设起刀点

② 巧设换刀点。为了考虑换刀的方便和安全，有时将换刀点设置在离工件较远的位置（如图 1-20 中的点 O），则换第二把刀后，进行车削时的空行程路线必然也较长；如果将第二把刀的换刀点也设置在图 1-20 中的点 A 位置上，则可缩短空行程距离。

③ 合理安排"回零"路线。在手工编制较为复杂轮廓的加工程序时，编制者常常将每一刀加工完后的刀具终点通过"回零"返回到对刀点位置，再执行后续程序，这样增加了走刀路线的长度。因此，合理安排"回零"路线时，应使前一刀终点与后一刀起点间的距离尽量缩短，或者为零，则走刀路线为最短。此外，在返回对刀点时，在不发生路径干涉前提下，宜尽量采用 X、Z 坐标轴双向同时"回零"，则"回零"路线将是最短的。

（2）最短的切削走刀路线　　切削走刀路线尽量短，可有效提高生产效率、降低刀具和机床损耗。图 1-21 所示为三种不同的轮廓粗车切削走刀路线，其中图 1-21(a)为利用数控系统具有的封闭式复合循环功能控制车刀沿工件轮廓线进给的路线；图 1-21(b)为三角形循环走刀路线；图 1-21(c)为矩形循环走刀路线，其路线的总长为最短，因此，在同等切削条件下，切削时间最短，刀具损耗最少。

（3）大余量毛坯的阶梯切削走刀路线　　图 1-22 为车削大余量工件的两种加工路线，分别沿 1→5 顺序切削。在同样背吃刀量的条件下，图 1-22(a)方式加工所剩的余量过多，是错误的

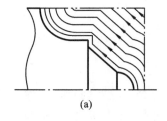 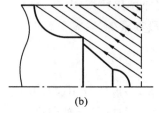 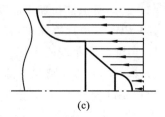

　　(a)　　　　　　　　　　　　(b)　　　　　　　　　　　　(c)

图 1-21　粗车走刀路线示例

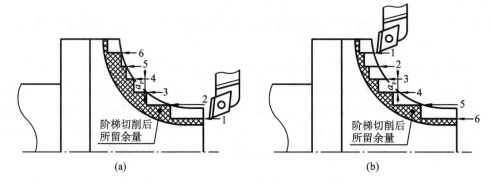

图 1-22　大余量毛坯的阶梯切削走刀路线

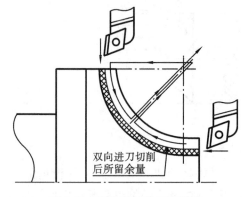

图 1-23　双向进刀的走刀路线

阶梯切削路线;而图 1-22(b)每次切削所留余量相等,是正确的阶梯切削路线。

　　根据数控车床加工的特点,还可以放弃常用的阶梯车削法,改用依次从轴向和径向进刀,顺着工件毛坯轮廓进给的路线进行车削。如图 1-23 所示。

　　2)精加工走刀路线确定原则

　　精加工工序一般由一刀或多刀完成,但其零件的完工轮廓应由最后一刀连续加工而成,这时,加工刀具的进、退刀位置要考虑妥当,尽量不要在连续的轮廓中安排切入和切出或换刀及停顿;另外,刀具切入、切出方向应尽量沿工件表面切线方向,以免因切削力突然变化而造成弹性变形,致使光滑连接轮廓上产生表面划伤、形状突变或滞留刀痕等缺陷。

　　3)常用加工路线分析

　　(1)进、退刀路线分析　为提高加工效率,刀具从起刀点或换刀点运动到接近工件加工部位及加工完成后,退回到起刀点或换刀点是以快速运动进行的。进、退刀路线设计原则是在保证不与工件碰撞前提下,尽量使路线最短。图 1-24 所示为三种退刀方式,图 1-24(a)为斜线退刀方式,路线最短,如车削外圆表面的偏刀退刀;图 1-24(b)为径-轴向退刀方式,如切槽加工退刀;图 1-24(c)为轴-径向退刀方式,如粗镗内腔表面的偏刀退刀。进刀路线与退刀路线相似,仅是方向相反。

　　(2)粗车圆锥的走刀路线分析　粗车圆锥有车正锥和车倒锥两种情况,每种情况又有两种加工路线。图 1-25 所示为车正锥的两种加工路线,按图 1-25(a)所示的车正锥加工路线较

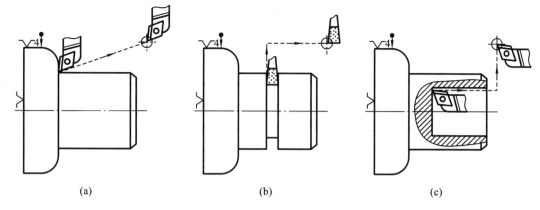

图 1-24　三种退刀方式

短,但要计算终刀距 S。根据图示,设圆锥大径为 D,小径为 d,锥长为 L,背吃刀量为 a_p,则由相似三角形计算可得

$$S = \frac{2La_p}{D - d} \tag{1-1}$$

　　按图 1-25(b)所示的车正锥无需计算终刀距,只需确定背吃刀量即可,但加工路线较长,且背吃刀量是变化的。图 1-26 所示为车倒锥的两种加工路线,分别与图 1-25 所示路线相对应,其车锥原理与正锥相同。

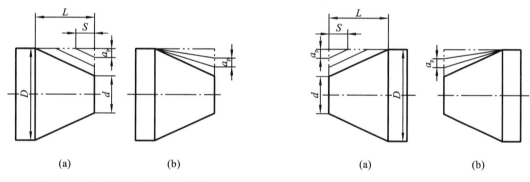

图 1-25　车正锥的两种加工路线　　　　　　　图 1-26　车倒锥的两种加工路线

　　(3) 粗车圆弧的走刀路线分析　粗车圆弧因局部余量较大,往往需多次走刀。图 1-27 所示为车圆法加工路线,即用不同半径的同心圆来车削,数值计算简单,编程方便,车凹弧走刀路线较短,如图 1-27(a)所示,但车凸弧空行程路线较长,如图 1-27(b)所示。粗车圆弧还可采用

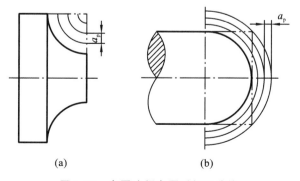

图 1-27　车圆法粗车圆弧加工路线

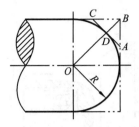

图 1-28　车锥法粗车凸圆弧加工路线

车锥法加工,即先车出一个圆锥,再车圆弧。这种方法应用与凸圆弧粗车,可保证切削路线较短。如图 1-28 所示,车锥时,加工路线不能超过 AC 线,即 $AB=BC<\sqrt{2}BD$。此外,粗车圆弧也常采用阶梯切削走刀路线。

(4) 防止扎刀的走刀路线分析　数控车削中,Z 坐标轴一般都是沿着负方向进给的,但有时按这种常规的负方向进给并不合理,甚至可能车坏工件。例如,当采用尖形车刀加工大圆弧内表面零件时,如图 1-29(a)所示,按常规的 $-Z$ 方向进给,因切削时尖形车刀的主偏角为 $100°\sim105°$,这时切削力在 X 向的较大分力 F_p 将沿着图示的 $+X$ 方向作用,当刀尖运动到圆弧的换象限处,即由 $-Z、-X$ 向 $-Z、+X$ 变换时,吃刀抗力 F_p 与传动横拖板的传动力方向相同,若螺旋副间有机械传动间隙,就可能使刀尖嵌入零件表面(即扎刀),其嵌入量在理论上等于其机械传动间隙量 e。将导致横向拖板产生严重的爬行现象,降低零件的表圆质量。

若按图 1-29(b)所示沿 $+Z$ 方向进给,当尖刀运动到圆弧的换象限处,即由 $+Z、-X$ 向 $+Z、+X$ 方向变换时,吃刀抗力 F_p 与丝杆传动横向拖板的传动力方向相反,不会受螺旋副机械传动间隙的影响而产生扎刀现象,所以图 1-29(b)所示进给方案是较合理的。

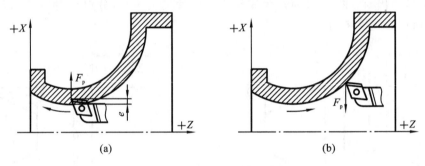

图 1-29　防止扎刀的走刀路线

(5) 防止刀具干涉走刀路线分析　数控加工中,常发生刀具结构与工件轮廓发生干涉的现象,干涉现象破坏工件精度和表面质量,甚至损坏刀具。如图 1-30(a)所示,用右偏刀加工凹形轮廓,由于凹槽较深,虽然在点 A 处刀具没有干涉,但在点 B 处刀具副切削刃与轮廓发生干涉;若采用左偏刀加工此凹形轮廓,如图 1-30(b)所示,在点 B 处刀具没有发生干涉,但在点 A 处刀具副切削刃也与轮廓发生干涉。加工此类尺寸变化大的凹形轮廓或凸形轮廓,应采用左偏刀与右偏刀结合加工,如图 1-30(c)所示,把轮廓分为两部分,先用右偏刀沿 1 路线加工,再

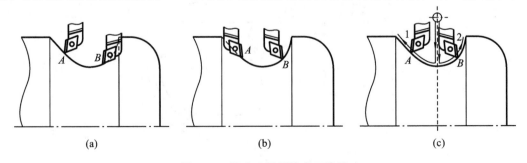

图 1-30　防止刀具干涉走刀路线

以左偏刀沿 2 路线加工。

2. 铣削走刀路线的确定

1）孔加工的走刀路线

孔加工包括钻、扩、铰、镗、攻螺纹等方法。目前,各种数控系统都对单个孔加工的走刀路线开发出众多循环指令,以适应不同的加工要求。这些走刀路线都是参照传统机床孔加工的动作设计的。如图 1-31 所示,孔加工一般由六个动作组成:①刀具快进至孔位坐标,即循环初始点 B(初始平面);②刀具 Z 向快进至加工表面上方 2～5 mm 附近的点 R(参考平面);③加工动作(如钻、扩、铰、镗、攻螺纹等);④孔底动作(如进给暂停、刀具偏移、主轴准停、主轴反转等);⑤返回到点 R 平面;⑥返回到点 B 平面。

若加工多个相同孔,则应在 XY 平面内尽量缩短走刀路线。如加工图 1-32(a)所示零件上的孔系。图 1-32(b)的走刀路线为先加工完外圈孔后,再加工内圈孔;若改用图 1-32(c)的走刀路线,减少了刀具空程移动时间,则可节省定位时间近一倍,提高了加工效率。

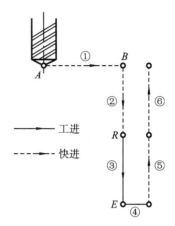

图 1-31　单个孔加工的走刀路线

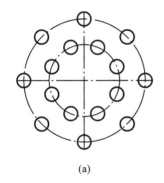 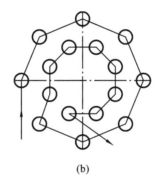 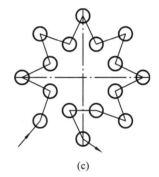

(a)　　　　　　　　　　(b)　　　　　　　　　　(c)

图 1-32　孔系加工的走刀路线

2）铣削平面轮廓的走刀路线

(1) 顺铣和逆铣的选择　铣削有顺铣和逆铣两种方式。当工件表面无硬皮,机床进给机构无间隙时,应选用顺铣。因为采用顺铣加工后,零件已加工表面质量好,刀齿磨损小。精铣时,尤其是零件材料为铝镁合金、钛合金或耐热合金时,应尽量采用顺铣。当工件表面有硬皮、机床进给机构有间隙时,宜选用逆铣。因为逆铣时,刀齿是从已加工表面切入,不会崩刃;机床进给机构的间隙不会引起振动和爬行。

(2) 铣削内、外轮廓的走刀路线　铣削平面零件内、外轮廓一般采用立铣刀侧刃切削。走刀路线分为 Z 方向和 XY 平面内方向。

在 Z 方向上下刀时,如图 1-33 所示,铣刀先快进至点 R,距工件上表面 2～5 mm;再工进至点 E,超出工件下表面 2～5 mm。铣削外轮廓零件时,落刀点要选在工件外,

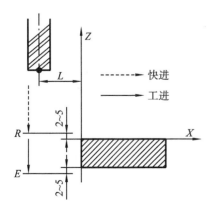

图 1-33　单个孔加工的走刀路线

距离工件一定的距离 $L(L>r+k$，r 为刀具半径，k 为余量)；铣削内轮廓零件时，落刀点选在有空间下刀的地方，一般在内轮廓零件的中间，若没有落刀空间的话，应先钻落刀孔。

在 XY 平面内刀具切入零件时，应避免沿零件轮廓的法向切入，以避免在切入处产生刀具的刻痕，而应沿切削起始点延伸线(图 1-34(a))或切线方向(图 1-34(b))逐渐切入工件，保证零件曲线的平滑过渡；同样，在切离工件时，也应避免在切削终点处直接抬刀，而沿着切削终点延伸线(图 1-34(a))或切线方向(图 1-34(b))逐渐切离工件。铣削封闭的内轮廓表面时，如图 1-35 所示，刀具可沿过渡圆弧切入和切出工件轮廓，图中 R_1 为零件圆弧轮廓半径，R_2 为过渡圆弧半径。走刀路线应设有建立半径刀具补偿段和取消半径刀具补偿段，实际切削段只要沿着实际轮廓编程就行了。

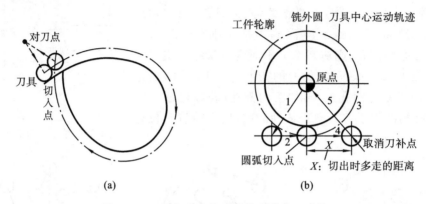

图 1-34　刀具切入和切出外轮廓的走刀路线

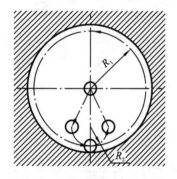

图 1-35　刀具切入和切出内轮廓的走刀路线

（3）铣削内槽的走刀路线　内槽是指以封闭曲线为边界的平底凹槽，一般用平底立铣刀加工，刀具圆角半径应同内槽圆角相对应。图 1-36 所示为铣削内槽的三种走刀路线。图 1-36(a)所示为行切法，其走刀路线最短，但由于将在两次进给的起点和终点间留下残留高度，表面粗糙度最差；图 1-36(b)所示为环切法，铣刀沿与零件轮廓相切的过渡圆弧切入和切出，粗糙度较好，但走刀路线最长；图 1-36(c)所示的是先用行切法切去中间部分余量，最后环切一刀光整轮廓表面，既能使总的走刀路线较短，又能获得较好的表面粗糙度，走刀路线方案最佳。

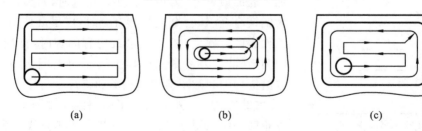

图 1-36　铣削内槽的三种走刀路线

3）曲面加工的走刀路线

曲面加工一般使用球头铣刀，加工面与铣刀始终为点接触，可采用的加工方法有：行切加工法、三轴联动加工法、四轴联动加工法、五轴联动加工法。下面介绍行切加工法和三轴联动加工法,其他加工方法可参考相关资料。

(1) 行切加工法　行切加工法是指采用三轴数控铣床进行二轴半控制加工的方法。如图 1-37 所示,球头铣刀沿 XZ 平面的曲线进行直线插补加工,当一段曲线加工完后,沿 Y 方向进给 ΔY,再加工相邻的另一曲线,如此依次用平面曲线来逼近整个曲面。相邻两曲线间的距离 ΔY 应根据表面粗糙度的要求及球头铣刀的半径选取。球头铣刀的球半径应尽可能选得大一些,以增加刀具刚度,提高散热性,降低表面粗糙度值。加工凹圆弧时的铣刀球头半径必须小于被加工曲面的最小曲率半径。

(2) 三轴联动加工法　采用三轴数控铣床三轴联动加工即进行空间直线插补。如半球形,可用行切加工法加工,也可用三轴联动的方法加工。这时,数控铣床用 X、Y、Z 三轴联动的空间直线插补,实现球面加工,如图 1-38 所示。

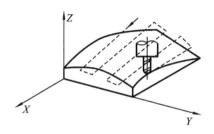
图 1-37　行切加工法示意图

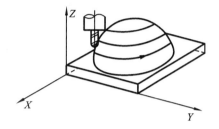
图 1-38　三轴联动加工示意图

1.3.6　刀具的选用

1. 车床刀具的选用

1) 刀具的选择

刀具的选择是数控加工工艺设计中的重要内容之一。刀具选择合理与否不仅影响机床的加工效率,而且还直接影响加工质量。与传统车削相比,数控车削对刀具的要求更高,不仅要求精度高、刚度好、耐用度高、而且要求尺寸稳定、安装调整方便。这就要求数控加工刀具的制造须采用新型优质材料,并优选刀具参数。选择刀具通常要考虑机床的加工能力、工序内容、工件材料等因素。

2) 车刀的安装

车削加工中,车刀安装的高低、车刀刀杆轴线是否垂直,对车刀工作角度有很大影响。车刀安装的歪斜,对主偏角、副偏角影响较大,特别是在车螺纹时,会使牙型半角产生误差。图 1-39 所示为车刀安装角度示意图。图 1-39(a)为“一”的倾斜角度,将增大刀具切削力;图 1-39(b)为“＋”的倾斜角度,将减小刀具切削力。

3) 刀位点

刀位点是刀具上用来表示刀具在机床上的位置的点,是对刀与加工的基准点。各类车刀的刀位点如图 1-40 所示,其中切槽刀大多设置在左刀尖,也可将刀位点设在右刀尖或主切削刃中间点。

4) 对刀

对刀是数控加工前必须的准备工作,其目的是建立工件坐标系。对刀操作是在数控加工前,确定每一把刀具的刀位点在工件坐标系和机床坐标系中的位置,其实质就是确定工件坐标系在机床坐标系中的位置。数控车床的对刀方法很多,有试切对刀法、机外对刀仪对刀法、自

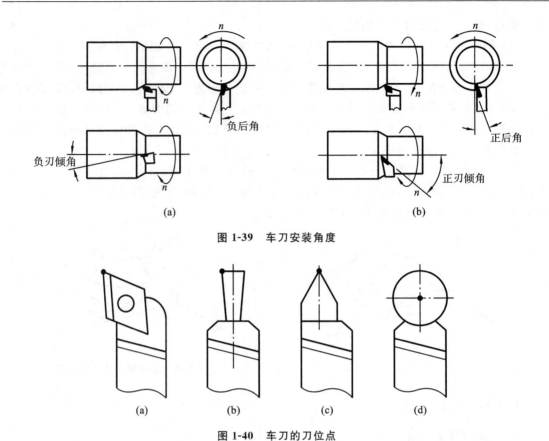

图 1-39 车刀安装角度

图 1-40 车刀的刀位点

动对刀法等多种对刀方法。

机外对刀仪对刀法其本质是测量出刀具假想刀尖点到刀具台基准之间 X 及 Z 方向的距离。利用机外对刀仪可将刀具预先在机床外校对好,以便装上机床后将对刀长度输入相应刀具补偿号即可以使用,如图 1-41 所示。

自动对刀法是通过刀尖检测系统实现的,刀尖以设定的速度向接触式传感器接近,当刀尖与传感器接触并发出信号,数控系统立即记下该瞬间的坐标值,并自动修正刀具补偿值。自动对刀过程如图 1-42 所示。

图 1-41 机外对刀仪对刀

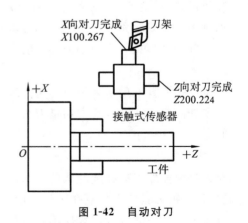

图 1-42 自动对刀

　　试切对刀是指在机床上使用相对位置检测手动对刀,为最基本的对刀方法。目前,很多高校广泛应用的是经济型数控车床,大多采用"试切→测量→调整"对刀模式的试切对刀法对刀。试切对刀方法也有多种,现以 FANUC 0i Mate-TC 系统数控车床为例,对常用方法进行介绍。

　　(1) 刀具直接试切方式对刀。

　　① 对刀前先手动执行机床回参考点的操作。

　　② 试切外圆。手动(手轮或 JOG 方式)操纵机床加工外圆试切一刀,保持 X 方向位置不变,沿 Z 轴正向退刀,如图 1-43(a)所示。待主轴停转后测量工件的直径 D,或记下 X 方向的机械坐标值。

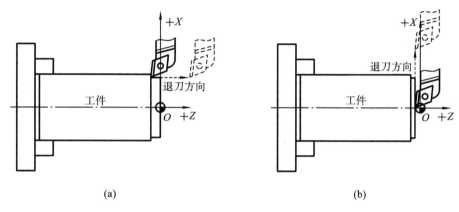

(a)　　　　　　　　　　　　　　　　　　　　(b)

图 1-43　直接用刀具试切对刀

　　③ 在操作面板上,按"OFFSET"键,按"形状"软键出现如图 1-44 所示的画面,用"↑"或"↓"键将光标移至与刀号相应的刀补号位置,如果此时测量直径为"25.300",则输入"MX 25.300",按"INPUT"键输入即可。数控系统会自动计算该直径的回转中心,并将其设定为 X 方向的工件原点。

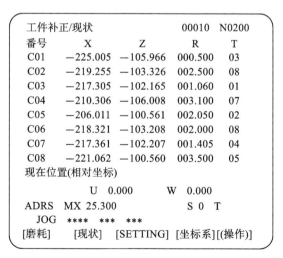

工件补正/现状			00010	N0200
番号	X	Z	R	T
C01	−225.005	−105.966	000.500	03
C02	−219.255	−103.326	002.500	08
C03	−217.305	−102.165	001.060	01
C04	−210.306	−106.008	003.100	07
C05	−206.011	−100.561	002.050	02
C06	−218.321	−103.208	002.000	08
C07	−217.361	−102.207	001.405	04
C08	−221.062	−100.560	003.500	05

现在位置(相对坐标)

　　　　　　　U　0.000　　　　　W　0.000
ADRS　MX 25.300　　　　　　　　　S 0 T
　JOG　****　***　***
[磨耗]　　[现状]　[SETTING]　[坐标系][(操作)]

图 1-44　对刀值输入补偿界面

　　④ 试切端面。用同样的方法将工件右端面试切一刀,保持刀具 Z 坐标位置不变,沿 X 轴正向退刀,如图 1-43(b)所示。记下此端面的机械坐标值,然后将编程坐标系中此端面对应的坐标值或记下的机械坐标值,按机床说明书的格式要求输入数控系统的特定位置。

⑤ 在操作面板上,按"OFFSET"键,再按"形状"软键,出现如图 1-44 画面,用"↑"或"↓"键将光标移至与刀号相应的刀补号位置。如果对刀右端面为工件原点,则输入"MZ0",按"INPUT"键输入即可。

此时,1 号刀的对刀操作完成,将刀架移至安全换刀位置,换另一把刀,重复②~⑤各步骤,如此可对所有刀具进行对刀。加工时,通过调用相应的刀号、刀具补偿号来提取并执行。如"T0101",前两位表示 1 号刀,后两位为刀具形状和磨损补偿号。

(2) G50 设置工件零点方式对刀。

① 用外圆车刀先试车一外圆,刀具沿 Z 轴正方向退出后,再切端面到中心。

② 选择 MDI 方式,输入 G50 X0 Z0,启动"START"键,把当前点设为零点。

③ 选择 MDI 方式,输入 G0 X*** Z***,如 G0 X150 Z150,使刀具远离工件。

④ 调用加工程序自动运行,该程序开头应为:G50 X*** Z***,其中 X、Z 后的坐标值应与 G0 X*** Z*** 中一致,如 G50 X150 Z150。

用 G50 设置工件零点方式对刀时,应特别注意起点和终点必须一致,即程序结束前,应使刀具移到 X150 Z150 点,这样才能保证重复加工不乱刀。值得注意,车床数控系统用 G50 来实现这种对刀功能,而铣床数控系统使用 G92。

(3) G54~G59 设置工件零点方式对刀。

① 用外圆车刀先试车一外圆,把刀具沿 Z 轴正方向退出,再切端面到中心。

② 把当前的 X 和 Z 轴坐标直接输入到 G54~G59 里,如 G54 G00 X50 Z50。

G54~G59 工件坐标系可用 G53 指令清除。

5) 换刀

数控车床特别是数控车削中心之所以能够实现工序集中加工,很大程度上得益于具有灵活的自动换刀功能。数控车床上刀盘(刀架)或工作台自动转位换刀的位置称为换刀点。数控车床换刀的方法有多种,如固定点换刀、跟随式换刀、排刀法换刀等。

(1) 固定点换刀　固定点换刀的换刀点是一个相对固定的点,不随工件坐标系位置的改变而发生位置变化。换刀点最安全的位置是换刀时刀架或刀盘上的任何刀具碰撞不到工件及其他部件的位置。所以换刀点轴向尺寸(Z 轴)由轴向最长刀具(如内孔镗刀、钻头等)确定,换刀点径向尺寸(X 轴)由径向最长刀具(如外圆刀、切槽刀等)决定。

固定点换刀方式安全、简便,单件小批量生产中经常采用;但刀具到零件加工表面的距离往往较长,降低了生产效率,机床磨损大,大批量生产时不宜采用。

(2) 跟随式换刀　批量生产时,为缩短空走刀路线,提高加工效率,一般不设置固定的换刀点,而采用跟随式换刀,即每把刀都有各自不同的换刀位置。具体换刀位置工艺人员可自行确定,但需遵循以下原则:第一,在工件或夹具的外部,确保换刀时刀具不与工件发生碰撞;第二,力求最短的换刀路线,以提高生产效率。

跟随式换刀不使用机床数控系统提供的换刀点的指令,而使用快速定位。这种换刀方式的优点是能够最大限度地缩短换刀路线,但每一把刀具的换刀位置要经过仔细计算,以确保换刀时刀具不与工件碰撞。跟随式换刀常应用于被加工工件有一定批量、使用刀具数量较多、刀具类型多、径向及轴向尺寸相差较大的情况。

另外,跟随式换刀可以实现一次装夹加工多个工件,如图 1-45 所示。此时若采用固定换刀点换刀,工件会离换刀点越来越远,使空走刀路线增加。跟随式换刀时,每把刀具有各自的换刀点,设置换刀点时只考虑换下一把刀具是否与工件发生碰撞,而不用考虑刀盘上所有刀具是否与工件发生碰撞,即换刀点位置只参考下一把刀具,但这样做的前提是刀盘上的刀具是按

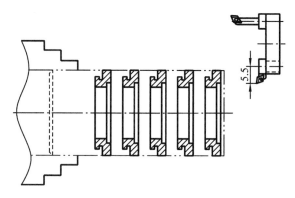

图 1-45　跟随式换刀示意图

加工工序顺序排列的。

2. 铣床刀具的选用

1）刀具的选择

数控刀具要求刚度好、耐用度高。数控铣刀有面铣刀、立铣刀、模具铣刀、键槽铣刀、鼓形铣刀、成形铣刀等多种类型,所选用的铣刀类型应与工件表面形状与尺寸相适应;加工较大的平面应选择面铣刀;加工凹槽、较小的台阶面及平面轮廓应选择立铣刀;加工空间曲面、模具型腔或凸模成形表面等多选用模具铣刀;加工封闭的键槽选择键槽铣刀;加工变斜角零件的变斜角面应选用鼓形铣刀;加工各种直的或圆弧形的凹槽、斜角面、特殊孔等应选用成形铣刀。

数控铣刀的选择除刀具类型选择外,还包括刀具结构选择、刀具角度选择、刀具齿数选择、刀具直径选择、最大背吃刀量选择和刀片牌号(刀具材料)选择等。选择刀具通常要考虑机床的加工能力、工序内容、工件材料等因素。

2）刀位点

圆柱铣刀(见图 1-46(a))的刀位点是刀具中心线与刀具底面的交点;球头铣刀(见图 1-46(b))的刀位点是球头的球心点或球头顶点;钻头(见图 1-46(c))的刀位点是钻头顶点。

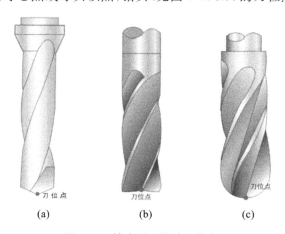

(a)　　　　　　　　(b)　　　　　　　　(c)

图 1-46　铣床用刀具的刀位点

3）对刀

数控铣削加工前,首先要进行对刀操作,即确定工件在机床坐标系中的确切位置。对刀是使"刀位点"与"对刀点"重合的操作,以确定工件坐标系在机床坐标系中的位置。对刀的准确程度将直接影响加工精度,因此,对刀操作一定要仔细,对刀方法应同零件加工精度要求相适应。现以 FANUC 0i Mate-TC 系统数控铣床和如图 1-47 所示零件为例,介绍生产中常用两种对刀方法,工件原点设在零件上表面的中心处。

(1) G92 设置工件零点方式对刀　其对刀步骤如下。

① 在"回零"方式下使刀具返回机床参考点 O_R。

② 将工件在工作台上定位夹紧,在 MDI 方式下输入 M03 S600,执行该指令使主轴中速正转。

③ 如图 1-47(a)所示,在"手动增量方式"或"手轮方式"下,先将铣刀抬高,离开工件上表面,然后通过改变倍率,使刀具接近工件左侧面,此时先沿 $-Z$ 向下刀,再沿 $+X$ 向使侧刃与工件左侧面轻微接触(观察,听切削声音、看切痕、看切屑,只要出现其中一种情况即表示刀具接触到工件),将相对坐标 x_1 清零,然后将铣刀沿 $+Z$ 向退离工件。

④ 移动铣刀,使其侧刃轻微接触工件右侧面,记录相对坐标值 x_2。

⑤ 计算工件坐标系原点的 X 方向相对坐标值 $x_0 = x_2/2$,将刀具的 X 坐标移动到该位置。

⑥ 同理,如图 1-47(b)所示,试切工件的前后侧面,测量并计算出工件坐标系原点的 Y 方向相对坐标值 $y_0 = y_2/2$,将刀具的 Y 方向相对坐标移动到该位置。

⑦ 如图 1-47(c)所示,在 x_0、y_0 处,移动铣刀,使其端刃轻微接触工件上表面,将相对坐标 z_1 清零,沿 $+Z$ 向移动铣刀至相对坐标值 z_2(如 20 mm)处,停转主轴。

⑧ 程序开头建立工件坐标系指令:

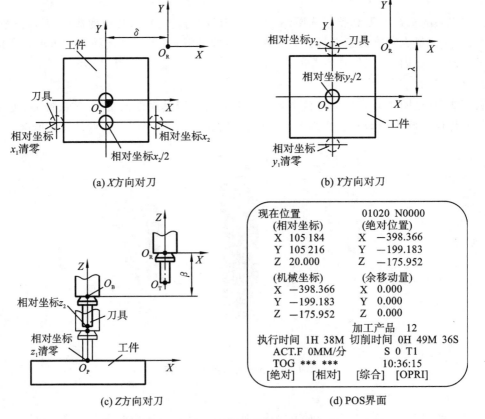

(a) X 方向对刀　　　　　　　　(b) Y 方向对刀

(c) Z 方向对刀　　　　　　　　(d) POS 界面

图 1-47　G92 设置工件零点方式对刀

G92　X0　Y0　Z20；

用 G92 设置工件零点方式对刀时，应特别注意起点和终点必须一致，即程序结束前，应使刀具移到 X0、Y0、Z20 点，这样才能保证重复加工不乱刀。

上述是试切法直接对刀，方法简单，但会在工件表面留下痕迹，一般用于零件的粗加工；对于精度要求较高的工件，生产中常使用芯棒、塞尺、寻边器等工具。

（2）G54～G59 设置工件零点方式对刀　这种对刀方式也可采用试切法，这里介绍采用寻边器和标准芯轴对刀方法。寻边器如图 1-48 所示。

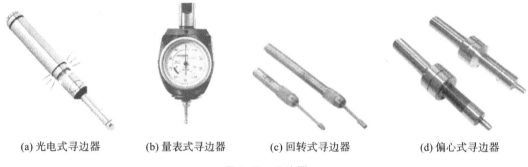

(a) 光电式寻边器　　(b) 量表式寻边器　　(c) 回转式寻边器　　(d) 偏心式寻边器

图 1-48　寻边器

对刀步骤如下。

① 在"回零"方式下使刀具返回机床参考点。

② 在主轴上安装偏心轴寻边器，在 MDI 方式下输入 M03 S600，执行该指令使主轴中速正转。

③ 先用寻边器轻微接触工件左侧面，打开 POS 界面，将当前的相对坐标值 x_1 清零，再接触工件右侧面，记录相对坐标值 x_2，然后将寻边器移动到相对坐标 $x_2/2$ 处；同理，将刀具的 Y 方向相对坐标移动到 $y_2/2$ 处。如图 1-49(a) 所示，打开工件坐标系设定界面，将光标移动到 G54 中 X 坐标位置，在屏幕左下方输入 X0，按下操作面板上的"测量"键，完成刀具基准点在机床坐标系中的 X 坐标的测量。然后用类似的方法测量出刀具基准点在机床坐标系中的 Y 坐标。

④ 停止主轴，将寻边器卸下，换上直径为 $\phi10$ mm，长度为 100 mm 的标准芯轴，并在芯轴与工件上表面之间加入厚度为 1 mm 的塞尺，采用手轮方式移动芯轴轻微接触塞尺上表面。打开工件坐标系设定界面，如图 1-49(a) 所示，将光标移动到 G54 中 Z 坐标位置，在屏幕左下方输入 Z1，按下操作面板上的"测量"键，完成刀具基准点在机床坐标系中的 Z 坐标的测量。这样，数控系统会自动计算出工件原点的机械坐标值。

⑤ 如图 1-49(b) 所示，打开工具补正界面，在第一组补正量的形状（H）处输入 20（刀具与芯轴的长度差），在（形状）D 处输入 12（刀具的直径）。

这种方法是将寻边器和标准芯轴假设作为基准刀具，然后将实际刀具的直径以及它与标准芯轴的长度差在刀具补正量界面中进行补偿和设定。这样，如果加工中用到多把刀具时，只需要在此界面中分别设定各把刀具的直径以及它与标准芯轴的长度差，避免了对每把刀都进行烦琐的试切对刀。

这种方法对刀后，在程序中建立坐标系并调用刀具的指令如下。

G54；　　　　　　　　　　（建立 G54 工件坐标系）

   ⋮

T01；　　　　　　　　　　（换 1 号刀）

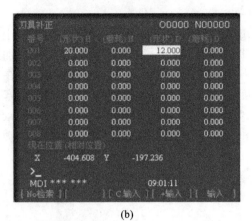

图 1-49   G54 设置工件零点方式对刀

G43 H1；   （刀具长度补偿，调用 01 组刀具补正量）

⁝

G42 G01 X0 Y0 Z3 D01；   （刀具半径右补偿，调用 01 组刀具补正量）

⁝

G49；   （取消长度补偿）

⁝

G40 G00 X50 Y50 Z100；   （取消半径补偿）

⁝

如果在工作台上实现多个相同零件的连续加工，需要对每个工件分别建立一个工件坐标系，将各坐标系分别设定为 G54～G59 等，按照 G54 法的对刀原理，确定其他工件坐标系的原点，并且将单个零件的加工程序编为子程序，在主程序里调用即可。

（3）换刀   数控铣床一般没有自动换刀功能，而是采用手动换刀的，换刀时操作人员的主动性较高，换刀点只要设在零件外面，不发生换刀阻碍即可。

1.3.7   切削用量的确定

数控车削加工中的切削用量包括：背吃刀量 a_p、主轴转速或切削速度 v_c（用于恒线速切削）、进给速度或进给量 f，这些切削用量应在机床说明书给定的允许范围内选取，也可结合实际经验用类比法来确定。切削用量选择的原则是：保证零件加工精度和表面粗糙度，充分发挥刀具的切削性能，保证合理的刀具耐用度，并充分发挥机床的性能，最大限度提高生产率，降低成本。一般是先选取背吃刀量或侧吃刀量，再确定进给速度，最后确定切削速度。背吃刀量可根据加工余量确定。进给量的选用：粗加工主要受切削力的限制，因粗加工表面粗糙度一般要求不高；半精加工和精加工主要受表面粗糙度和加工精度要求的限制，一般选得较小。切削速度的选用：粗加工时受刀具耐用度和机床功率的限制；精工时主要受刀具耐用度的限制。

数控铣削切削用量的确定原则与数控车削相似。背吃刀量可根据加工余量确定。进给量的选用：粗加工主要受切削力的限制；半精加工和精加工主要受表面粗糙度和加工精度要求的限制，一般选得较小。切削速度的选用：粗加工时受刀具耐用度和机床功率的限制；精工时主要受刀具耐用度的限制。

1.4　数控加工工艺文件

数控加工工艺文件既是数控编程的依据、数控加工的依据、产品验收的依据、操作者遵守和执行的规程,也是产品零件重复生产在技术上的工艺资料积累和储备。数控加工工艺文件主要有数控编程任务书、数控机床调整单、数控加工工序卡片、数控加工走刀路线图、数控加工刀具卡片、数控加工程序单等。

目前,数控加工工艺规程文件尚无统一的国家标准,各企业可结合本单位的实际情况自行制订。

1. 数控编程任务书

数控编程任务书阐明了工艺人员对数控加工工序的技术要求和工序说明,以及数控加工前应保证的加工余量,它是编程人员和工艺人员协调工作和编制数控程序的重要依据之一。表 1-2 是某数控编程任务书的样表。

表 1-2　数控编程任务书

工艺科	数控编程任务书	零件图号		任务书编号	
		零件名称			
		使用设备		共　页,第　页	

主要工序说明及技术要求:

此次加工的属于套类零件,由圆弧、锥面、螺纹、退刀槽等特征组成。工序 50 的主要加工内容有粗车、精车内轮廓半圆弧至 $R11$ mm 和精车工件内轮廓至 $\phi40$ mm,C2。内轮廓 $\phi40$ mm 的圆柱面的表面粗糙度要求为 $3.2~\mu m$,内轮廓半径为 11 mm 的圆弧的表面粗糙度要求为 $1.6~\mu m$。

				编程收到日期	月　日	经手人	
编制		审核		编程	审核	批准	

2. 数控机床调整单

机床调整单是操作人员在加工零件之前调整机床的依据,应表示出所用夹具名称和编号,工件定位和夹紧方法,工件原点设置位置和坐标方向,并记有机床控制柜面板上"开关"的位置和键盘应键入的数据等。图 1-50 所示为数控机床调整单样单。

3. 数控加工工序卡片

数控加工工序卡是编制加工程序的主要依据和操作人员配合数控程序进行数控加工的主要指导性工艺文件。数控加工工序卡与传统加工工序卡有许多相似之处,所不同的是:工序简图中应注明工件原点与对刀点,要进行简要编程说明(如:所用机床型号、程序编号、刀具半径补偿、镜向对称加工方式等)及切削参数的选择。图 1-51 所示为某数控加工工序卡片。

4. 数控加工走刀路线图

数控加工走刀路线图主要反映加工过程中刀具的运动轨迹,其作用是:一方面方便编程人员编程;另一方面帮助操作人员了解刀具的进给轨迹(如从哪里下刀、在哪里抬刀、哪里是斜下刀等),以便确定夹紧和控制夹紧元件的位置。为简化走刀路线图,一般可根据不同机床采用统一约定的符号来表示,如图 1-52 所示。

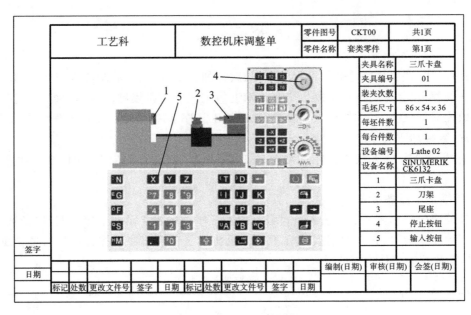

图 1-50　数控机床调整单

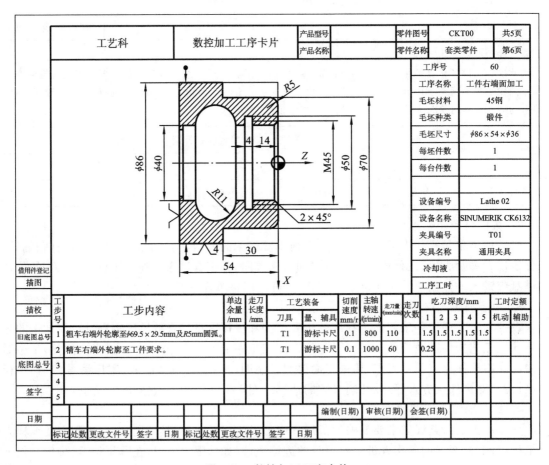

图 1-51　数控加工工序卡片

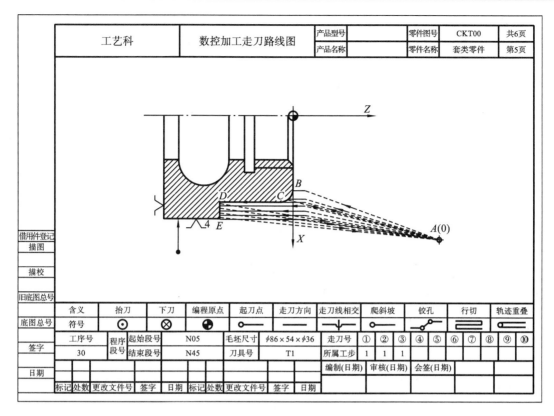

图 1-52　数控加工走刀路线图

5. 数控加工刀具卡片

刀具卡片(见图 1-53)是组装刀具和调整刀具的依据,主要包括刀具编号、刀具结构、尾柄规格、组合件名称代号、刀片型号和材料等信息。数控加工前,一般要依据刀具卡片在机外对刀仪上预先调整刀具直径和长度。数控加工刀具卡片示例如图 1-53 所示。

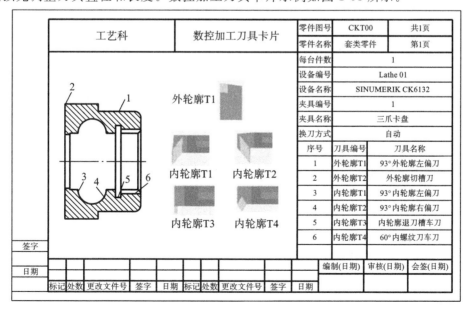

序号	刀具编号	刀具名称
1	外轮廓T1	93°外轮廓左偏刀
2	外轮廓T2	外轮廓切槽刀
3	内轮廓T1	93°内轮廓左偏刀
4	内轮廓T2	93°内轮廓右偏刀
5	内轮廓T3	内轮廓退槽车刀
6	内轮廓T4	60°内螺纹刀车刀

图 1-53　数控加工刀具卡片

6. 数控加工程序单

数控加工程序单是编程员根据工艺分析情况,经过数值计算,按照机床指令代码编制的用于控制机床加工运动的程序代码;它是记录数控加工工艺过程、工艺参数、位移数据的清单。数控加工程序单编制完成后,可通过DNC或手工从面板输入到数控装置里,运行此程序即可控制机床自动运行,加工出所要求的零件。

思考题与习题

1-1　简述数控加工工艺的特点。

1-2　数控加工工艺设计的内容及步骤有哪些?

1-3　数控加工工艺文件有哪些,在指导数控加工过程中各有何作用?

1-4　数控加工工序的划分方法有哪些,加工顺序的安排原则有哪些?

1-5　简述刀位点、对刀点与换刀点的概念及它们之间的区别。

1-6　数控铣削进给路线的确定总体上有哪些原则?

1-7　分别介绍一种数控车床与数控铣床的对刀方法。

1-8　编制如图1-1所示轴类零件的数控车削加工工艺(毛坯为45钢棒料)。

1-9　编制如图1-54所示盘类零件的数控车削加工工艺(毛坯为铸件)。

1-10　加工如图1-55所示的具有三个台阶的槽腔零件,试编制槽腔的数控铣削加工工艺(其余表面已加工)。

1-11　加工如图1-56所示的法兰,先制订出该零件的整个机械加工工艺过程(毛坯为锻件),然后再制订A面的数控铣削加工工艺。

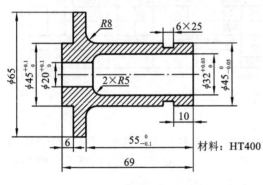

图 1-54　轴类零件图样

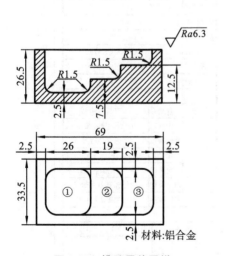

图 1-55　槽腔零件图样

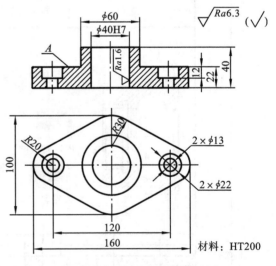

图 1-56　法兰零件图样

第 2 章　数控编程基础

2.1　数控程序编制的概念

所谓程序编制,就是将零件的工艺过程、工艺参数、刀具位移量与方向以及其他辅助动作(如换刀、冷却、夹紧等),按运动顺序和所用数控机床规定的指令代码及程序格式编成加工程序单,再将程序单中的全部内容记录在控制介质上(如穿孔带、磁带等),然后传送给数控装置,从而指挥数控机床加工。这种从零件图样到制成控制介质的过程称为数控加工的程序编制,简称数控编程。

2.1.1　数控程序编制的定义和方法

1. 数控程序编制的内容和步骤

一般数控程序编制的主要内容包括:分析零件图样、制订工艺方案、数学处理、编写加工程序单、程序校验和首件试切。

1) 分析零件图样

编程人员要根据零件图样对工件的材料、形状、尺寸及技术要求进行分析。通过分析,明确加工的内容和要求,确定哪些加工内容适宜在数控机床上加工,并结合数控机床的规格、性能、数控系统的功能等信息,确定合理的加工方法和加工路线。

2) 制订工艺方案

在分析零件图样的基础上,制订工艺方案,选择合适的数控机床,选择或设计刀具和夹具,确定合理的走刀路线及选择合理的切削用量等。

3) 数学处理

在确定了工艺方案后,就需要根据零件的几何尺寸、加工路线等计算刀具中心运动轨迹,以获得刀位数据。一般的数控系统都具有直线插补和圆弧插补的功能,所以对于由直线和圆弧组成的较简单的零件,只需计算出零件轮廓的相邻几何元素的交点或切点(称为基点)的坐标值;对于较复杂的零件或零件的几何形状与数控系统的插补功能不一致时,就需要进行较为复杂的数值计算。例如非圆曲线,需要用直线段或圆弧段来逼近,计算出相邻逼近直线或圆弧的交点或切点(称为节点)的坐标值,编制程序时要输入这些数据。

4) 编写加工程序单

根据计算出的运动轨迹坐标值和已确定的加工顺序、刀具号、切削参数和辅助动作,以及所使用的数控系统的指令、程序段格式,按数控机床规定使用的功能代码及程序格式,编写零件的加工程序。

5) 程序校验和首件试切

编好的程序在正式加工之前,需要经过检测。一般采用空走刀检测,在不装夹工件的情况下启动数控机床,进行空运行,观察运动轨迹是否正确。也可采用空运转画图检测,在具有图形显示功能的数控机床上,进行工件图形的模拟加工,检查工件图形的正确性。以上方法只能检查运动是否正确,不能检查出由于刀具调整不当或编程计算不准确而造成的误差。因此,必须用首件试切的方法进行实际切削检查,进一步考察程序的正确性,并检查加工精度是否满足要求。若实际切削不符合要求,可修改程序或采取补偿措施。试切一般采用铝件、塑料、石蜡等易切材料进行。

2. 数控程序编制的方法

数控程序编制的方法有两种,即手工编程和自动编程。

1) 手工编程

手工编程是指主要由人工来完成数控机床程序编制各个阶段的工作(包括用通用计算机辅助进行数值计算)的编程方式。这种方式比较简单,很容易掌握,适应性较大。适用于中等复杂程度程序、计算量不大的零件加工编程,对机床操作人员来讲,必须掌握。

2) 自动编程

自动编程是用计算机代替手工进行数控机床的程序编制工作的编程方式。如图 2-1 所示,自动编程的过程是由计算机自动进行坐标计算、编制程序清单、输入程序的过程。

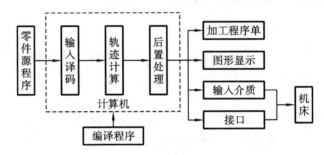

图 2-1 自动编程过程框图

自动编程可使用多种方法,如自动编程软件编程、CAD/CAM 集成数控编程系统自动编程。

自动编程软件编程是指利用通用的微型计算机及专用的自动编程软件,以人机对话方式确定加工对象和加工条件自动进行运算从而生成数控程序。专用软件多是在开放式操作系统环境下,在微型计算机上开发的,成本低、通用性强。

CAD/CAM 集成数控编程系统自动编程是指利用 CAD/CAM 系统进行零件的设计、分析及数控编程。该方法适用于制造业中的 CAD/CAM 集成编程数控系统,目前被广泛应用。该方式适应面广、效率高、程序质量好,适用于各类柔性制造系统(FMS)和集成制造系统(CIMS),但投资大,掌握起来需要一定时间。

自动编程的适用范围如下。

① 形状复杂的零件,特别是具有非圆曲线表面的零件。

② 零件几何元素虽不复杂,但编程工作量很大的零件(如有数千个孔的零件)和计算工作量大的零件(如轮廓加工时非圆曲线的计算)等。

③ 在不具备刀具半径自动补偿功能的机床上要进行轮廓铣削时,编程要按刀具中心轨迹进行,如果用手工编程,计算相当烦琐、程序量大、浪费时间、出错率高,有时甚至不能编出加工程序,此时必须用自动编程的方法来编制零件的加工程序。

④ 联动轴数超过两轴以上的加工程序的编制。

2.1.2　程序结构与格式

1. 字符与代码

字符是用来组织、控制或表示数据的一些符号,如数字、字母、标点符号、数学运算符等。数控系统只能接收二进制信息,所以必须把字符转换成 8 位信息组合成的字节,用“0”和“1”组合的代码来表达。国际上广泛采用两种标准代码:ISO(国际标准化组织)代码、EIA(美国电子工业协会)代码,这两种标准代码的编码方法不同,在大多数数控机床上,这两种代码都可以使用,只需用系统控制面板上的开关来选择,或用 G 功能指令来选择。

2. 功能字与功能字的类别

在数控加工程序中,功能字是指一系列按规定排列的字符,作为一个信息单元存储、传递和操作。功能字是由一个英文字母与随后的若干位十进制数字组成,这个英文字母称为地址符。如:“X2500”是一个字,X 为地址符,数字“2500”为地址中的内容。组成程序段的每一个字都有其特定的功能含义,实际工作中,要遵照机床数控系统说明书来使用各个功能字。功能字按其功能的不同可分为顺序号字、准备功能字、尺寸字、进给功能字、主轴转速功能字、刀具功能字、辅助功能字、程序段结束符等。

1) 顺序号字(sequence number)

顺序号字用来表示程序从启动开始操作的顺序,即程序段执行的顺序号,因此也称为程序段序号。用地址 N 和后面的若干位数字来表示。例如 N100、N290 等。

2) 准备功能字(preparatory function or G-function)

准备功能字是使数控机床作某种操作准备的指令,它紧跟在程序段顺序号的后面,用地址 G 和两位数字来表示,从 G00～G99 共 100 种。目前,不同数控系统的 G 代码功能并非完全一致,因此编程人员必须熟悉所用机床及数控系统的规定。在我国销售使用的数控机床 G 功能字符合 JB/T 3208—1999 标准,如表 2-1 所示。

表 2-1　准备功能 G 代码(JB/T 3208—1999)

代码(1)	模态(2)	功能(3)	代码(1)	模态(2)	功能(3)
G00	a	点定位	G50	#(d)	刀具偏置 0/−
G01		直线插补	G51		刀具偏置 +/0
G02		顺时针圆弧插补	G52		刀具偏置 −/0
G03		逆时针圆弧插补	G53		直线偏移,注销
G04	—	暂停	G54		直线偏移 X
G05	#	不指定	G55		直线偏移 Y
G06	a	抛物线插补	G56	f	直线偏移 Z
G07	#	不指定	G57		直线偏移 XY
G08	—	加速	G58		直线偏移 XZ
G09	—	减速	G59		直线偏移 YZ
G10～G16	#	不指定	G60		准确定位 1(精)
G17	c	XY 平面选择	G61	h	准确定位 2(中)
G18		ZX 平面选择	G62		准确定位 3(粗)
G19		YZ 平面选择	G63	—	攻螺纹

代码(1)	模态(2)	功能(3)	代码(1)	模态(2)	功能(3)
G20～G32	♯	不指定	G64～G67	♯	不指定
G33		螺纹切削,等螺距	G68	♯(d)	刀具偏置,内角
G34	a	螺纹切削,增螺距	G69		刀具偏置,外角
G35		螺纹切削,减螺距	G70～G79	♯	不指定
G36～G39	♯	永不指定	G80	e	固定循环注销
G40		刀具补偿/刀具偏置注销	G81～G89	e	固定循环
G41	d	刀具左补偿	G90	j	绝对尺寸
G42		刀具右补偿	G91		增量尺寸
G43		刀具正偏置	G92	—	预置寄存
G44		刀具负偏置	G93		时间倒数,进给率
G45		刀具偏置 ＋/＋	G94	k	每分钟进给
G46	♯(d)	刀具偏置 ＋/－	G95		主轴每转进给
G47		刀具偏置 －/－	G96	i	恒线速度
G48		刀具偏置 －/＋	G97		每分钟转速(主轴)
G49		刀具偏置 0/＋	G98～G99	♯	不指定

注:① ♯号项如选作特殊用途,必须在程序格式说明中加以说明;

② 如在直线切削控制中无刀具补偿,则 G43～G52 可指定作其他用途;

③ 表中第(2)栏带括号(d)的表示可以被同栏中无括号的字母 d 注销或代替,也可被有括号的字母(d)注销或代替;

④ 表中第(2)栏为"—"的代码表示非模态代码。

3) 尺寸字(dimension word)

尺寸字的地址代码,对于直线进给运动为:X、Y、Z、U、V、W、P、Q、R;对于回转运动的地址代码为:A、B、C、D、E。此外,还有插补参数字(地址代码):I、J 和 K 等。

4) 进给功能字(feed function or F-function)

进给功能由 F 代码表示,用来指定机床移动部件移动的进给速度。一般有以下两种表示方法。

(1) 代码法　采用代码法表示时,F 后跟两位数字,表示机床进给量数列的序号,它不直接表示进给速度的数值大小。

(2) 直接法　采用直接法表示时,F 后跟的数字就是进给速度的实际大小,例如 F150 即表示进给速度为 150 mm/min。这种表示方法较为直观,目前大多数机床均采用这种方法。

5) 主轴转速功能字(spindle speed function or S-function)

主轴转速功能由 S 代码表示,用来指定主轴转速。其表示方法有恒转速和恒线速两种。当程序段中出现 G96 时,S 代码后所跟数字的单位为 m/min,表示切削速度,当程序段中没有指定 G96,或直接指定了 G97 时,S 代码后所跟数字的单位为 r/min,表示主轴转速。

6) 刀具功能字(tool function or T-function)

刀具功能由 T 代码表示,用于选择加工所需刀具,同时还可以用来指定刀具补偿号。在数控车床等不带刀库和自动换刀装置的机床上,T 指令直接选取刀具,并使刀具处于加工位置。但在加工中心等带有刀库和自动换刀装置的机床上,T 指令仅执行把所需刀具移动到换刀位置上的动作,还需使用 M06 指令把所选刀具与加工工位上的刀具进行交换。

一般 T 指令的使用格式为 T 字母后面跟四位数字或跟两位数字。例如 T0101 表示选择 01 号刀具并调用 01 号刀补参数,T02 则表示选择 02 号刀具,没有指定刀补参数。

7) 辅助功能字(miscellaneous function or M-function)

辅助功能由 M 代码表示,用于指定与数控系统插补运算无关,而是根据操作机床的需要予以规定的工艺指令。例如:主轴的旋转方向、主轴启动/停止、冷却液的开关、刀具或工件的夹紧和松开以及刀具更换等功能。在我国销售使用的数控机床 M 功能字符合 JB/T 3208—1999 标准,如表 2-2 所示。

表 2-2 辅助功能 M 代码(JB/T 3208—1999)

代　码	功　能	代　码	功　能
M00	程序停止	M37	进给范围 2
M01	计划停止	M38	主轴速度范围 1
M02	程序结束	M39	主轴速度范围 2
M03	主轴顺时针方向	M40～M45	如有需要作为齿轮换挡,此外不指定
M04	主轴逆时针方向		
M05	主轴停止	M46～M47	不指定
M06	换刀	M48	注销 M49
M07	2 号冷却液开	M49	进给率修正旁路
M08	1 号冷却液开	M50	3 号冷却液开
M09	冷却液关	M51	4 号冷却液开
M10	夹紧	M52～M54	不指定
M11	松开	M55	刀具直线移动,位置 1
M12	不指定		
M13	主轴顺时针方向,冷却液开	M56	刀具直线移动,位置 2
M14	主轴逆时针方向,冷却液开	M57～M59	不指定
M15	正运动	M60	更换工件
M16	负运动	M61	工件直线位移,位置 1
M17～M18	不指定	M62	工件直线位移,位置 2
M19	主轴定向停止	M63～M70	不指定
M20～M29	永不指定	M71	工件角度位移,位置 1
M30	纸带结束		
M31	互锁旁路	M72	工件角度位移,位置 2
M32～M35	不指定	M73～M89	不指定
M36	进给范围 1	M90～M99	永不指定

除了上述七类功能字外,在每一程序段之后,都应加上程序段结束符表示程序结束。当用 EIA 标准代码时,结束符为"CR"。用 ISO 标准代码时为"NL"或"LF"。有的用符号";"或

"＊"表示。

程序中有时还会用到的一些符号,其意义见表 2-3。

表 2-3　程序中所用符号及含义

符　　号	意　　义	符　　号	意　　义
HT 或 TAB	分隔符	—	负号
LF 或 NL	程序段结束	/	跳过任意程序段
％	程序开始	：	对准功能
(	控制暂停	BS	返回
)	控制恢复	EM	纸带终了
＋	正号	DEL	注销

3. 程序的结构

一个完整的零件加工程序是由若干程序段(block)组成,程序段是由若干功能字(word)和符号组成,每个功能字又由字符(字母和数字)组成。即字母和数字组成功能字,功能字组成程序段,程序段组成程序。如图 2-2 所示是一个数控程序结构示意图。

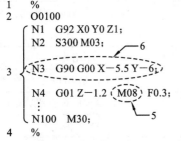

图 2-2　数控程序结构

1—起始符;2—程序名;3—程序主体;
4—程序结束符;5—功能字;6—程序段

一般情况下,一个基本的数控程序由以下几个部分组成。

① 程序起始符　一般为"％"、"＄"等。程序起始符单列一行。

② 程序名　单列一行。

③ 程序主体　由多个程序段组成,程序段是数控程序中的一句,单列一行,用于指挥机床完成某一个动作。

④ 程序结束符　程序结束的标记符,一般与程序起始符相同。

4. 程序段格式

程序段格式是指程序段中的字、字符和数据的书写规则。在数控机床的发展过程中前后主要出现过三种格式,即固定顺序程序段格式、使用分隔符的程序段格式和字地址程序段格式。前两种程序段格式目前已很少使用,这里主要介绍字地址程序段格式。

字地址程序段格式中各功能字均以字母、数字和符号表示,且字母(地址符)在首,程序段长度可变,各功能字的先后排列顺序不严格,同一程序段内不同含义的字(如 G01、G17、G41)可重复使用,不需要的或与上一段程序相同的功能字可以省略不写。功能字必须完整表示。一个完整的功能字包括字母和带符号的数字。字地址程序段的一般格式如图 2-3 所示。

功能字可分为尺寸字和非尺寸字两类。常用的尺寸字有 X、Y、Z、U、V、W、P、Q、I、J、K、A、B、C、D、E、R、H 共 18 个字母;常用的非尺寸字有 N、G、F、S、T、M、L、O 共 8 个字母。表 2-4 所示为 FANUC 0i Mate-MC 系统所能输入的功能字中数值的范围。一般数控机床都可选择用公制单位毫米(mm)或英制单位英寸(inch)为尺寸字的单位。

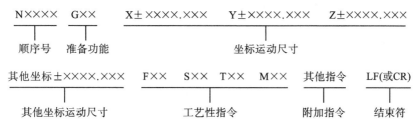

图 2-3 字地址程序段的一般格式

表 2-4 功能字取值范围(FANUC 0i Mate-MC)

功 能	地 址	公 制 单 位	英 制 单 位
程序号	(ISO) O (EIA)	1~9999	1~9999
顺序号	N	1~9999	1~9999
准备功能	G	0~99	0~99
线性尺寸	X、Y、Z、Q、R、I、J、K	±99999.999 mm	±9999.9999 inch
角度尺寸	A、B、C	±99999.999 deg	±9999.9999 deg
进给功能	F	1~100000.0 mm/min	0.01~400.0 inch/min
主轴转速功能	S	0~9999	0~9999
刀具功能	T	0~99	0~99
辅助功能	M	0~99	0~99
暂停	X、P	0~99999.999 sec	0~99999.999 sec
子程序号	P	1~9999	1~9999
重复次数	L	1~9999	1~9999
补偿号	D、H	0~32	0~32

2.2 数控机床的坐标系

2.2.1 数控机床坐标系及运动方向

数控机床坐标系是确定其刀具运动路径的依据,因此坐标系对数控程序设计极为重要。统一规定数控机床坐标轴名称及运动的正负方向,可使编程简单、方便,并使所编程序对同一类型机床具有互换性。目前国际上数控机床的坐标轴和运动方向均已标准化。我国于 1982 年颁布了标准 JB 3051—1982《数字控制机床坐标系和运动方向的命名》,它与国际标准 ISO 841 等效。

1. 确定机床坐标系和运动方向的原则

1)机床相对运动的规定

不论机床在实际加工时是工件运动还是刀具运动,在确定编程坐标时,一律假定工件静止,刀具运动。这一原则可以保证编程人员在编程时不必考虑机床加工零件时具体运动形式是刀具移向工件,还是工件移向刀具,只需根据零件图样编程控制机床的加工程序即可。

2）机床坐标系的规定

在数控机床上，机床的动作是由数控装置来控制的，为了确定数控机床上的成形运动和辅助运动，必须先确定机床上运动的位移和运动的方向，这就需要通过坐标系来实现，这个坐标系被称为标准坐标系，也称机床坐标系。

机床坐标系中 X、Y、Z 坐标轴的相互关系用右手笛卡儿直角坐标系决定。

3）运动方向的规定

JB 3051—1982 标准中规定，数控机床某一坐标运动的正方向，是指增大刀具和工件之间距离的方向。

2. 标准坐标系的规定

数控机床上的标准坐标系采用右手笛卡儿直角坐标系。各坐标轴之间的关系如图 2-4 所示。

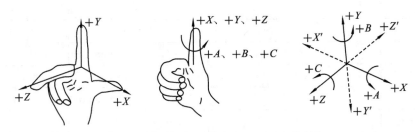

图 2-4　右手直角笛卡儿坐标系与右手螺旋法则

（1）伸出右手的大拇指、食指和中指，并互为 90°。则大拇指代表 X 坐标，食指代表 Y 坐标，中指代表 Z 坐标。

（2）大拇指的指向为 X 坐标的正方向，食指的指向为 Y 坐标的正方向，中指的指向为 Z 坐标的正方向。

（3）围绕 X、Y、Z 坐标旋转的旋转坐标分别用 A、B、C 表示，根据右手螺旋定则，大拇指的指向为 X、Y、Z 坐标中任意轴的正向，则其余四指的握旋方向即为旋转坐标 A、B、C 的正向。

3. 坐标轴的确定方法

在确定机床坐标轴时，一般先确定 Z 轴，然后确定 X 轴和 Y 轴，最后确定其他轴。图 2-5 所示为各种常见数控机床的坐标系。

1）Z 轴

Z 轴的方向是由主轴确定的，机床主轴是指传递主要切削动力的轴，可以表现为加工过程带动刀具旋转，也可表现为带动工件旋转。标准规定与机床主轴重合或平行的刀具运动坐标为 Z 轴，远离工件的刀具运动方向为 Z 轴正方向（＋Z）（即刀具离开工件的方向）。

如果机床上有几个主轴，则选一个垂直于工件装夹平面的主轴方向为 Z 坐标方向；如果主轴能够摆动，则选垂直于工件装夹平面的方向为 Z 坐标方向；如果机床无主轴，则选垂直于工件装夹平面的方向为 Z 坐标方向。

2）X 轴

X 轴是水平的，平行于工件的装夹面，且垂直于 Z 轴，这是在刀具或工件定位平面内运动的主要坐标。确定 X 轴时要考虑以下两种情况。

（1）对于加工过程主轴带动工件旋转的机床，例如数控车床、数控磨床等，X 坐标轴沿工件的径向，平行于横向滑座或其导轨，刀架上刀具或砂轮离开工件旋转中心的方向为坐标轴正方向（＋X）。

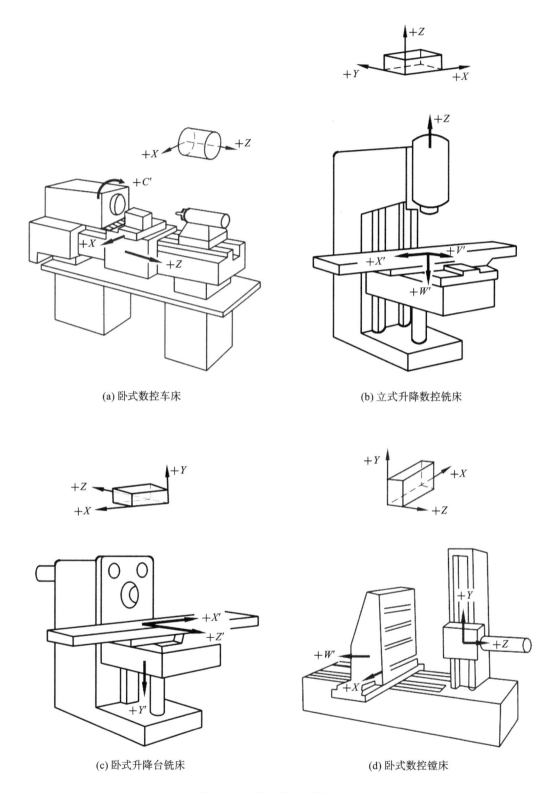

(a) 卧式数控车床　　　　　　　　　(b) 立式升降数控铣床

(c) 卧式升降台铣床　　　　　　　　(d) 卧式数控镗床

图 2-5　各种数控机床的坐标系

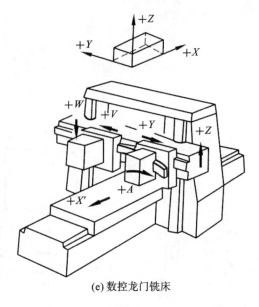

(e) 数控龙门铣床

续图 2-5

（2）对于刀具旋转的机床(如数控铣床、镗床、钻床等)要视 Z 轴方向而定。如果 Z 轴是水平的(卧式)，则从主轴向工件看时，X 轴的正向指向右方。如果 Z 轴是垂直的(立式)，对单立柱机床则从刀具主轴向立柱看时，X 轴的正向指向右方；对于龙门式机床，例如数控龙门铣床，则从主轴向左侧立柱看时，X 轴的正向指向右方；对没有旋转刀具和旋转工件的机床，X 轴正向为切削力方向。

3）Y 轴

Y 坐标轴垂直于 X、Z 坐标轴。Y 运动的正方向根据 X 和 Z 坐标的正方向，按照右手直角迪卡儿坐标系来判断。

4）旋转坐标系 A、B、C

用 A、B、C 表示回转轴线与 X、Y、Z 轴重合或平行的回转运动，并用右手螺旋法则判断。其正方向用 $+A$、$+B$、$+C$ 表示。

5）附加轴

为了编程和加工的方便，有时还要设置附加坐标系。对于直线运动，通常建立的附加坐标系有以下两种。

（1）平行于 X、Y、Z 的坐标系　平行于 X、Y、Z 的坐标系是可以采用的附加坐标系：第二组用 U、V、W 坐标，第三组用 P、Q、R 坐标。

（2）不平行于 X、Y、Z 的坐标系　不平行于 X、Y、Z 的坐标系也是可以采用的附加坐标系：第二组用 U、V、W 坐标，第三组用 P、Q、R 坐标。

4．坐标值的表示方式

程序中控制刀具移动的指令中坐标值的表示方式有两种，分别是用带小数点的数值表示和用不带小数点的数值表示。

用带小数点的数值表示坐标值时，坐标的单位是 mm 或 in。用不带小数点的数值表示坐标值时，坐标的单位为坐标轴的最小移动量(脉冲当量)。例如，当脉冲当量是 0.001 mm/脉冲时(最小移动量，公制：0.001 mm)，要求向 X 轴正方向移动 0.035 mm，可表示为 X0.035 或

X35;要求向 X 轴负方向移动 35 mm,可表示为 X35.0 或 X35000。

5. 机床原点与参考点

机床原点又称机械原点,它是机床坐标系的原点。机床原点是机床的最基本点,在机床设计、制造、装配、调试时就已确定下来了,是工件坐标系、机床参考点的基准参考点。

机床参考点是用于对机床工作台、滑板以及刀具相对运动的测量系统进行标定和控制的点,有时也称机床零点,如图 2-6(a)所示。机床原点 M 取在卡盘后端面与中心线的交点处,参考点 R 设在 $X=200$ mm,$Z=400$ mm 处。

一般数控车床、数控铣床的机床原点和机床参考点位置如图 2-6 所示。但有些数控机床机床原点与机床参考点重合。

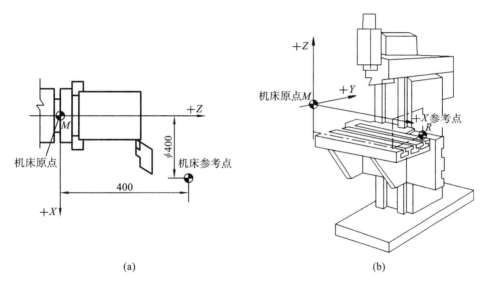

(a)   (b)

图 2-6 数控机床的机床原点与机床参考点

2. 2. 2 工件坐标系

工件坐标系是在数控编程和加工时用于确定工件几何图形上各几何要素(如点、直线和圆弧等)的形状、位置和刀具相对工件运动而建立的坐标系。工件坐标系的坐标轴数量、方向和对应的数控机床的机床坐标系一致,但工件坐标系的原点(工件原点)和机床原点不重合。

工件原点的一般选用原则如下。

① 工件原点选在工件图样的尺寸基准上。这样可以直接用图样标注的尺寸作为编程点的坐标值,减少计算工作量。

② 能使工件方便地装卡、测量和检验。

③ 工件原点尽量选在尺寸精度较高、表面粗糙度值低的工件表面上,这样可以提高工件的加工精度和同一批零件的一致性。

④ 对于有对称形状的几何零件,工件原点最好选在对称中心上。

数控车床上加工工件时,工件原点一般设在主轴中心线上工件右端面(或左端面),如图2-7(a)所示。数控铣床上加工工件时,工件原点一般设在进刀方向一侧工件外轮廓表面的某个角上或对称中心上,进刀深度方向的零点,大多取在工件表面,如图2-7(b)所示。

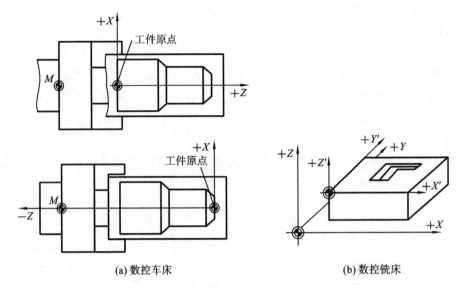

(a) 数控车床　　　　　　　　(b) 数控铣床

图 2-7　工件原点的选择

2.2.3　编程坐标系

编程坐标系是编程人员根据零件图样及加工工艺等建立的坐标系。一般供编程使用,确定编程坐标系时不必考虑工件毛坯在机床上的实际装夹位置。如图 2-8 所示,其中 O_2 即为编程坐标系的原点。

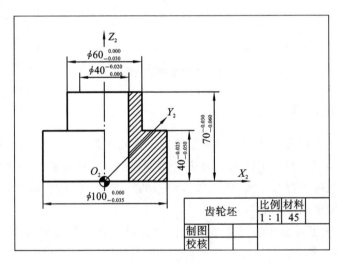

齿轮坯		比例	材料
		1:1	45
制图			
校核			

图 2-8　编程坐标系

1. 编程原点

编制程序时,为了方便,需要在图样上选择一个适当的位置作为编程原点。编程原点是根据加工零件图样及加工工艺要求选定的编程坐标系的原点,也称程序原点或程序零点。

2. 对刀点

对刀点是指通过对刀确定刀具相对于工件运动的起点。它是刀具与工件相对位置的基准点,程序就是从这一点开始的,对刀点也称程序起点或起刀点。在编制程序时,应首先考虑对刀点的位置选择问题。对刀点选定原则如下。

① 选定的对刀点位置,应使程序编制简单。

② 为方便加工,对刀点应选择在机床上找正容易,便于确定零件加工原点的位置。

③ 应选在加工过程中检查方便、可靠的位置。

④ 应有利于提高加工精度,产生的加工误差小。

在使用对刀点确定加工原点时,就需要进行对刀。所谓对刀是指使刀位点与对刀点重合的操作。每把刀具的半径与长度尺寸都是不同的,刀具装在机床上后,应在控制系统中设置刀具的基本位置。

如图 2-9 所示,对刀点相对机床原点的坐标为 (X_0, Y_0)。而工件原点相对于机床原点的坐标为 $(X_0 + X_1, Y_0 + Y_1)$。这样,就把机床坐标系、工件坐标系和对刀点之间的关系明确地表示出来了。

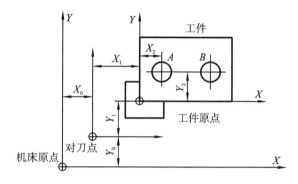

图 2-9　对刀点的设定

对刀点不仅是程序的起点,而且往往也是程序的终点。因此在批量生产中,要考虑对刀的重复精度。通常,对刀的重复精度,在绝对坐标系统的数控机床上可由对刀点距机床原点的坐标值 X_0、Y_0 来校核,在相对坐标系统的数控机床上,则经常要人工检查对刀精度。

3. 局部参考原点

编程中,出于对某些局部的考虑,还可以设定局部参考点,即建立局部坐标系,如第二、第三坐标系的原点就是局部参考原点。局部坐标系的设定如图 2-10 所示,通过局部坐标系设定指令 G52,就可将由 G54~G59 指令建立的工件坐标系,分别形成局部坐标系。该局部坐标系的原点便可相应地称为局部参考点。

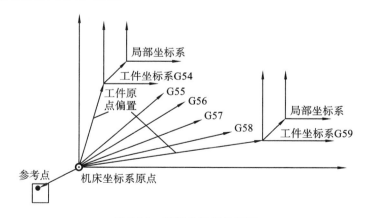

图 2-10　局部坐标系的设定

2.2.4　绝对坐标和增量坐标

数控加工程序中表示几何点的坐标位置有绝对坐标和增量坐标两种方式。

刀具运动位置的坐标值均是以某一固定原点(坐标原点)计量的,称为绝对坐标,相应的坐标系称为绝对坐标系,用第一坐标系 X、Y、Z 表示。如图 2-11 所示,$X_A=10$,$Y_A=12$;$X_B=30$,$Y_B=37$。

刀具运动位置的轨迹终点坐标值是相对于前一位置(起点)计量,而不是相对于固定的坐标原点给出的,称为增量坐标,相应的 U-V 坐标系称为增量坐标系统。常使用代码表中的第二坐标 U、V、W 表示。U、V、W 分别与 X、Y、Z 平行且同向。在图 2-12 中,点 B 的坐标是相对于前面的点 A 给出的,其增量坐标为 $U_B=20$,$V_B=25$。

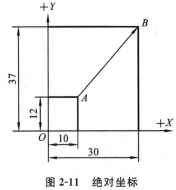

图 2-11　绝对坐标

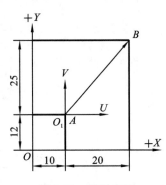

图 2-12　增量坐标

思考题与习题

2-1　什么是数控编程? 简述数控机床加工程序编制的一般步骤。

2-2　数控机床加工程序的编制方法有哪些? 它们分别适用于什么场合?

2-3　简述数控机床的坐标系判定方法。

2-4　什么是机床原点和机床参考点? 请说明数控车床和数控铣床常用的机床原点和机床参考点的设置位置。

2-5　请描述绝对坐标编程和增量坐标编程的区别,并举例说明适用场合。

2-6　在程序中用小数点方式表示坐标值时应注意哪些问题? X50.0 和 X50 两个坐标值有何不同?

第3章　数控加工走刀路线的相关坐标计算

3.1　概　　述

在完成加工工艺路线的设计工作以后，下一步需根据零件的几何形状、尺寸、走刀路线及设定的坐标系，计算走刀路线的相关坐标，得到刀位数据。因此，走刀路线的相关坐标计算是数控编程前的主要准备工作之一。

目前市场上的数控系统都有直线插补与圆弧插补功能，因此走刀路线的相关坐标计算主要有以下几种情况。

1. 基点坐标计算

对于加工由直线与圆弧组成的较简单的零件轮廓，在计算走刀路线的相关坐标时，需要计算出零件轮廓线上各几何元素的起点、终点、圆弧的圆心坐标、两几何元素的交点或切点的坐标值。基点是零件轮廓中相邻几何元素之间的交点或切点。如两直线的交点、直线与圆弧的交点或切点、圆弧与二次曲线的交点或切点等，都是基点。一般来说，基点的坐标计算可以根据图样给定的尺寸，利用联立方程组或三角函数关系求得，在上面两种方法比较烦琐的情况下，也可以利用绘图法求解。

2. 节点坐标计算

对于形状比较复杂的非圆曲线（如渐开线、双曲线等）的加工，在计算走刀路线的相关坐标时，需要用小直线段或圆弧段逼近非圆曲线，按允许的加工误差要求计算出其节点坐标值，节点是在满足加工误差要求条件下用若干直线段或圆弧段去逼近实际轮廓曲线时，相邻两直线段或圆弧段的交点。节点的计算比较复杂，方法也很多，是手工编程的难点。有条件时，应尽可能借助计算机来完成，以减少计算误差并减轻编程人员的工作量。

一般称基点和节点为切削点，即刀具切削部位必须切到的点。

3. 刀具中心位置坐标计算

刀具中心位置是刀具相对于每个切削点刀具中心所处的位置。因为刀具都有一定的半径，要使刀具的切削部位切过轮廓的每个切削点，必须对刀具进行一定的偏置。当数控机床无刀具偏置功能时，在计算走刀路线的相关坐标时需要计算刀具中心位置的坐标，目前市场上的数控机床都具有刀具偏置功能，只需在数控系统中直接输入偏置值，所以不用对刀具中心位置的坐标进行专门的计算。

4. 坐标值换算

当零件图样所标尺寸的坐标系与所编程序的坐标系不一致时，在计算走刀路线的相关坐标时需要进行相应的换算，这个计算一般非常简单，不用做专门的计算。

综上所述，数控加工编程前的走刀路线的相关坐标计算主要包括：较简单零件轮廓中的基点坐标计算和用小直线段或圆弧段逼近非圆曲线时产生的节点坐标计算等内容。

3.2　基点坐标的计算

由直线和圆弧组成的较简单的零件轮廓需要进行基点坐标计算,也就是计算相邻几何元素之间的交点或切点坐标,一般采用联立方程组求解,也可以利用几何元素间的三角函数关系去计算其基点坐标。对于采用上述两种方法都比较烦琐的零件轮廓,可采用绘图法去求解。

3.2.1　联立方程组求解基点坐标

采用联立方程组求解基点坐标,若直接列方程求解,计算过程比较烦琐,为了简化计算,可将计算过程标准化。根据轮廓形状,将直线和圆弧的关系归纳成直线与直线相交、直线与圆弧相交或相切、圆弧与圆弧相交或相切等若干种方式,并变成标准的计算形式,便于用计算机编程求解,其中直线与直线相交的基点坐标可以由零件图中标注的尺寸直接求出。

1. 直线与圆弧相交或相切

如图 3-1 所示,直线与圆弧相交于 A、B 两点,已知直线方程为 $y=kx+b$,圆半径为 R,以点 O 为圆心,圆心坐标为 (x_0,y_0),求直线与圆的交点 A、B 的坐标。

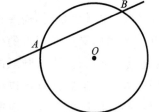

图 3-1　直线与圆弧相交

将直线方程与圆方程联立,得方程组

$$\begin{cases} (x-x_0)^2+(y-y_0)^2=R^2 \\ y=kx+b \end{cases}$$

把直线方程代入圆方程可得

$$(1+k^2)x^2+2[k(b-y_0)-x_0]x+x_0^2+(b-y_0)^2-R^2=0$$

给出标准方程

$$Ax^2+Bx+C=0$$

则可推出标准计算公式为

$$A=1+k^2$$
$$B=2[k(b-y_0)-x_0]$$
$$C=x_0^2+(b-y_0)^2-R^2$$
$$x=\frac{-B\pm\sqrt{B^2-4AC}}{2A}$$
$$y=kx+b$$

其中,交点 A、B 的 x 坐标较大者取"+"号,上式也可用于求解直线与圆相切时的切点坐标。当直线与圆相切时,取 $B^2-4AC=0$,此时 $x=-\dfrac{B}{2A}$,其余计算不变。

2. 圆弧与圆弧相交或相切

如图 3-2 所示,两圆相交于 A、B 两点,已知两相交圆的圆心及其坐标分别为 $O_1(x_1,y_1)$、$O_2(x_2,y_2)$,半径分别为 R_1、R_2,求其交点 A、B 的坐标。

由已知条件可得出两圆的方程,并联立两圆方程,得

$$\begin{cases} (x-x_1)^2+(y-y_1)^2=R_1^2 \\ (x-x_2)^2+(y-y_2)^2=R_2^2 \end{cases}$$

经推算后可给出标准计算公式为

$$\Delta x = x_2 - x_1$$

$$\Delta y = y_2 - y_1$$

$$D = \frac{(x_2^2 + y_2^2 - R_2^2) - (x_1^2 + y_1^2 - R_1^2)}{2}$$

$$A = 1 + \left(\frac{\Delta x}{\Delta y}\right)^2$$

$$B = 2\left[\left(y_1 - \frac{D}{\Delta y}\right)\frac{\Delta x}{\Delta y} - x_1\right]$$

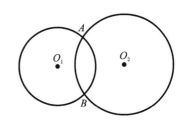

图 3-2　圆弧与圆弧相交

$$C = \left(y_1 - \frac{D}{\Delta y}\right) + x_1^2 - R_1^2$$

$$x = \frac{-B \pm \sqrt{B^2 - 4AC}}{2A}$$

$$y = \frac{D - x\Delta x}{\Delta y}$$

其中，交点 A、B 的 x 坐标较大者取"＋"号，上式也可用于求解两圆相切时的切点坐标。当两圆相切时，取 $B^2 - 4AC = 0$，此时 $x = -\dfrac{B}{2A}$，其余计算不变。

3.2.2　三角函数法求解基点坐标

对于由直线和圆弧组成的零件轮廓，采用联立方程组的方法求解基点坐标，这种方法虽然已根据轮廓形状，将直线和圆弧的关系归纳成若干种方式，并变成标准的计算形式，方便了计算机求解，但手工编程时采用联立方程组法进行数值计算还是比较烦琐。根据图形间的几何关系利用三角函数法求解基点坐标，计算比较简单、方便，与列方程组法比较，工作量明显减少。

手工编程时，采用三角函数法求解基点坐标，常利用直角三角形的几何关系进行数值计算，下面通过一个例子来说明其过程。

如图 3-3 所示，直线与圆弧组成的零件轮廓，由基点的定义可知，A、B、C、D、E、F 为基点，其中 A、B、C、D 可由图中所设工件坐标系直接算出其坐标，而点 E 是直线 DE 与 EF 的交点，点 F 是直线 EF 与圆弧 AF 的切点。由图中所作辅助线分析可知，OF 与 X 轴的夹角为 $30°$，EF 与 X 轴夹角为 $120°$，则利用三角函数关系可得

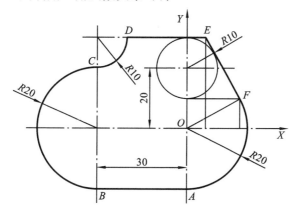

图 3-3　直线与圆弧组成的零件轮廓

$$F_X = 20\cos30° = 17.321$$

$$F_Y = 20\sin30° = 10$$

$$E_Y = 30$$

$$E_X = F_X - \frac{E_Y - F_Y}{\tan60°} = 5.774$$

3.2.3　绘图法求解基点坐标

目前,由直线、圆弧组成零件轮廓的基点和圆弧的圆心点坐标的计算,普遍采用联立方程组法和三角函数法求解,这两种方法计算烦琐,费时且容易出错,因此,本节介绍一种在实际编程中更为方便的方法,用 CAD 软件绘图法求解基点坐标。实践可知,用 CAD 软件绘图,是靠给出各点的坐标值实现的,但绘图时已知的是尺寸,这就要求将尺寸转换为点的坐标值,CAD软件具有多种将已知尺寸精确、快捷地转换为坐标值的方法,如目标捕捉、正交工具和建立用户坐标系等。另外,CAD 软件绘制出来的图样,有些点的尺寸是不需要给出的,如图 3-4 所示的 A、B、C、D 等点,这些点的坐标可用标注其尺寸或测量的方法获得。下面通过图 3-4 所示的凸轮的平面图形实例论述该方法的操作步骤。

1. 凸轮平面图形的尺寸分析

平面图形中的尺寸按其作用不同,分为定形尺寸和定位尺寸两大类。

1) 定形尺寸

定形尺寸是指确定平面图形上几何要素大小的尺寸。如图中圆弧的半径($R15$)和($R23$)。

2) 定位尺寸

定位尺寸是指确定几何要素相对位置的尺寸。如图中的 10。

3) 尺寸基准

定位尺寸的起点称为尺寸基准。对平面图形而言,有长和宽两个不同方向的基准。通常以图形中的对称线、中心线以及底线、边线作为尺寸基准,图 3-4 中以中心线为尺寸基准。

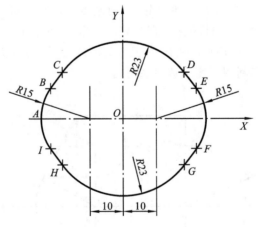

图 3-4　凸轮平面图形

2. 凸轮平面图形的线段、圆弧分析

一般情况下,要在平面图形中绘制一条线段需要知道起点和终点,绘制一段圆弧,除了要知道圆弧的半径外还需要有确定圆心位置的尺寸。由图 3-4 中可以看出,圆弧 IB、CD、EF、

GH 既有确定圆心位置的尺寸又有半径确定大小的尺寸,可以直接绘制出来,但线段 BC、DE、FG、HI 并不知道起点和终点坐标,只知道它们和圆弧分别相切。

3. 用 CAD 软件绘制凸轮平面图形

根据上面的分析,凸轮平面图形的绘图步骤如下:先画基准线、定位线,再画圆弧,最后绘制与圆弧相切的线段。

4. 确定坐标系原点

确定以 $R23$ 的圆弧圆心为坐标系原点,水平向右为 X 轴正向,竖直向上为 Y 轴正向。

5. 确定基点坐标

由基点的定义可知,图中 B、C、D、E、F、G、H、I 均为基点,并且都是直线与圆弧的切点,其坐标不能由图中直接得出,但可由在图中标注其尺寸或测量的方法获得,如图 3-5 所示。根据图中确定的坐标系及各基点的尺寸标注,即可得各基点的坐标值。

绘图法求解基点坐标与联立方程组法、三角函数法相比更简单、准确、方便、快捷,数值计算全部由计算机完成,减轻了人工劳动,减少了出错的概率。由于作图精度在 CAD 环境下可根据实际需要任意设定,所以能满足加工要求。绘图法能在 AutoCAD、Pro/E、UG 等多种软件环境下实现,具有普遍性。

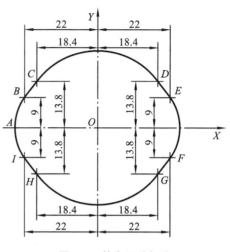

图 3-5　基点尺寸标注

3.3　节点坐标的计算

3.3.1　概述

大多数数控机床都具有直线及圆弧插补功能,因此在加工由直线、圆弧组成的平面轮廓时,只需进行各基点的数值计算,不涉及节点计算问题。但若零件轮廓不是由直线和圆弧组合而成,则要用直线段或圆弧段去逼近轮廓曲线,故要进行相应的节点计算。

数控加工中把除直线与圆之外可以用数学方程式表达的平面轮廓曲线称为非圆曲线,其数学表达式的形式既可以是以 $y=f(x)$ 的直角坐标的形式给出,也可以是以 $\rho=\rho(\theta)$ 的极坐标形式给出,还可以是以参数方程的形式给出。通过坐标变换,后面两种形式的数学表达式可以转换为直角坐标表达式。这类带有非圆曲线的零件的节点坐标计算过程,一般可以按以下步骤进行。

1. 选择插补方式

选择插补方式即应首先决定是采用直线段逼近非圆曲线,还是采用圆弧段逼近非圆曲线。采用直线段逼近非圆曲线,一般数学处理较简单,但计算的坐标数据较多,且各直线段间连接处存在尖角,刀具在尖角处不能连续地对零件进行切削,零件表面会出现硬点或切痕,使加工表面质量变差。采用圆弧段逼近非圆曲线,可以大大减少程序段的数目,其节点坐标计算又分为两种情况,一种为相邻两圆弧段间彼此相交,另一种则采用彼此相切的圆弧段来逼近非圆曲线。后一种方法由于相邻圆弧彼此相切，一阶导数连续，工件表面整体光滑，从而有利于加工表面质量的提高。采用圆弧段逼近，其数学处理过程比直线逼近要复杂一些。

2. 确定编程允许误差

即应使 $\delta \leqslant \delta_允$。

3. 选择数学模型，确定计算方法

非圆曲线节点计算过程一般比较复杂。目前在数控加工中采用的算法也比较多。在决定采用什么算法时，主要应考虑的因素有两点：一是尽可能按等误差的条件，确定节点坐标位置，以便最大程度地减少程序段的数目；二是尽可能寻找一种简便的计算方法，以便计算机程序的制作，及时得到节点坐标数据。

4. 画流程图

根据算法，画出计算机处理流程图。

5. 编程并获得节点坐标

用高级语言编写程序，上机调试程序，并获得节点坐标数据。

3.3.2 用直线段逼近非圆曲线

用直线段逼近非圆曲线，目前常用的计算方法有等步长法和等误差法。

1. 等步长法

等步长法是指逼近的直线段长度相等，而逼近误差则不一定相同的方法。计算节点时，必须使产生的最大逼近误差 $\delta_{\max}$ 小于或等于容许的误差 $\delta_允$，以满足加工精度的要求。图 3-6 所示为一段非圆轮廓曲线。设曲线方程为 $y = f(x)$，等步长法节点计算的计算步骤如下。

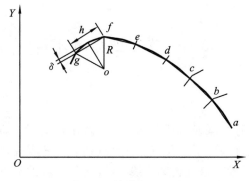

图 3-6 等步长逼近法

1) 求曲线段的最小曲率半径 $R_{\min}$

最大逼近误差 $\delta_{\max}$ 必在最小曲率半径 $R_{\min}$ 处产生，已知曲线曲率半径为

$$R = \frac{[1+(y')^2]^{\frac{3}{2}}}{|y''|} \tag{3-1}$$

欲求最小曲率半径，应将式(3-1)对 x 求一阶导数，即取 $\dfrac{\mathrm{d}R}{\mathrm{d}x} = 0$，即

$$3y'y''^2 - (1+y'^2)y''' = 0$$

根据 $y = f(x)$ 依次求出 $y'y''y'''$，代入 $3y'y''^2 - (1+y'^2)y''' = 0$，求最小曲率半径处的 x 值，再将 x 代入式(3-1)即得 $R_{\min}$。

2）求逼近步长 h

在 $\triangle ofg$ 中,有

$$(h/2)^2 = R^2 - (R - \delta_{\max})^2$$

取 $\delta_{\max} = \delta$(一般取零件公差的 $1/5 \sim 1/10$),$R = R_{\min}$

则逼近步长 h 为

$$h \approx \sqrt{8R_{\min}\delta} = \sqrt{8R_{\min}\delta_{\max}} = \sqrt{8R_{\min}\delta_{允}}$$

3）求逼近节点

步长 h 确定之后,以曲线的起点 $a(x_0, y_0)$ 为圆心,步长 h 为半径作圆,该圆与曲线的交点 b,即为第一个逼近节点。

联立方程 $\qquad \begin{cases} (x - x_0)^2 + (y - y_0)^2 = h^2 = 8R_{\min}\delta_{允} \\ y = f(x) \end{cases}$

求出方程组的解 (x_1, y_1),即为 b 的坐标。再以点 b 为圆心,步长 h 为半径作圆,即可求得下一逼近节点的坐标。以此类推,可求得 $y = f(x)$ 的全部逼近节点的坐标。

等步长法的计算过程比较简单,但因步长的大小取决于最小曲率半径,致使曲率半径较大处的节点过多过密,所以等步长法只对曲率半径变化不是太大的曲线加工较为有利。

2. 等误差法

等误差法可使各逼近直线段的逼近误差小于或等于允许的逼近误差,其逼近线段可长可短。该逼近法适用于轮廓曲率变化比较大、形状比较复杂的工件,是逼近线段最少的方法。

如图 3-7 所示,设轮廓曲线方程为 $y = f(x)$,首先求出曲线的起点 a 的坐标 (x_a, y_a),以该点为圆心,以 $\delta_{允}$ 为半径作圆,与该圆和已知曲线公切的直线,切点分别为 $P(x_p, y_p)$、$T(x_t, y_t)$,求出此切线的斜率;过点 a 作 PT 的平行线交曲线于点 b,再以点 b 为起点用上述方法求出点 c,依次进行,这样就可以求出曲线上所有节点。由于两平行线间距离恒为 $\delta_{允}$,因此,任意相邻两节点间的逼近误差为等误差。

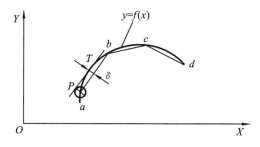

图 3-7　等误差逼近法

具体计算步骤如下。

（1）以起点 $a(x_a, y_a)$ 为圆心、$\delta_{允}$ 为半径作圆,有

$$(x - x_a)^2 + (y - y_a)^2 = \delta_{允}^2$$

（2）求圆和曲线公切线 PT 的斜率,用以下方程求解 x_T、y_T、x_P、y_P。

$$\frac{y_T - y_P}{x_T - x_P} = -\frac{x_P - x_a}{y_P - y_a}$$

$$y_P = \sqrt{\delta^2 - (x_P - x_a)^2} + y_a$$

$$\frac{y_T - y_P}{x_T - x_P} = f'(x_T)$$

$$y' = f'(x_T)$$
$$y = f(x_T)$$

则
$$k = \frac{y_T - y_P}{x_T - x_P}$$

（3）过点 a 作与直线 PT 平行的直线方程，有
$$y - y_a = k(x - x_a)$$

（4）与曲线联立求解点 b 的坐标 (x_b, y_b)，有
$$y - y_a = k(x - x_a)$$
$$y = f(x)$$

（5）按上述步骤顺次求出其余各节点坐标。

等误差法各程序段的误差 δ 都相等，程序段数目最少，但计算过程比较复杂，必须由计算机辅助才能完成计算。在采用直线段逼近非圆曲线的方法中，这是一种较好的方法。

3.3.3　用圆弧逼近非圆曲线

用圆弧段逼近非圆轮廓曲线是一种精度较高的逼近方法。用这种方法逼近轮廓曲线时，需计算出各逼近圆弧段半径、圆心及圆弧段的起点和终点（即轮廓曲线上的逼近节点）。

用圆弧逼近非圆曲线，目前常用的方法有三点圆法和相切圆法。

1. 三点圆法圆弧逼近的节点计算

三点圆法是在等误差直线段逼近并求出各节点的基础上，通过连续三点作圆弧，并求出圆心坐标或圆的半径。如图 3-8 所示，首先从曲线起点开始，通过 P_1、P_2、P_3 三点作圆弧。

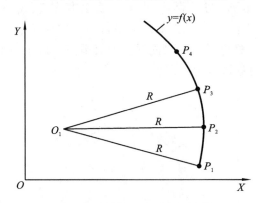

图 3-8　三点圆法圆弧段逼近

圆的方程一般表达式为
$$x^2 + y^2 + Dx + Ey + F = 0$$

其圆心坐标
$$x_0 = -\frac{D}{2}, \quad y_0 = -\frac{F}{2}$$

半径
$$R = \frac{\sqrt{D^2 + E^2 - 4F}}{2}$$

通过已知点 $P_1(x_1, y_1)$、$P_2(x_2, y_2)$、$P_3(x_3, y_3)$ 的圆弧，其中
$$D = \frac{y_1(x_3^2 + y_3^2) - y_3(x_1^2 + y_1^2)}{x_1 y_2 - x_3 y_2}$$

$$E = \frac{x_3(x_2^2 + y_2^2) - x_1(x_2^2 + y_2^2)}{x_1 y_2 - x_3 y_2}$$

$$F = \frac{y_3 x_2(x_1^2 + y_1^2) - y_1 x_2(x_3^2 + y_3^2)}{x_1 y_2 - x_3 y_2}$$

为了减少圆弧段的数目,应使圆弧段逼近误差 $\delta = \delta_{允}$,为此应作进一步的计算,设已求出连续三个节点 P_1、P_2、P_3 处曲线的曲率半径分别为 R_1、R_2、R_3,通过 P_1、P_2、P_3 三点的圆的半径为 R,取 $R_P = \dfrac{R_1 + R_2 + R_3}{3}$,按 $\delta = \dfrac{R\delta_{允}}{|R - R_P|}$ 算出 δ 值,按 δ 值再进行一次等误差直线段逼近,重新求得 P_1、P_2、P_3 三点,用此三点作一圆弧,该圆弧即为满足 $\delta = \delta_{允}$ 条件的圆弧。

2. 相切圆法圆弧逼近的节点计算

1) 基本原理

图 3-9 所示粗线表示工件廓形曲线,在曲线的一个计算单元上任选四个点 A、B、C、D,其中点 A 为给定的起点。AD 段(一个计算单元)曲线用两相切圆弧逼近。具体来说,点 A 和 B 的法线交于 M,点 C 和 D 的法线交于 N,以点 M 和 N 为圆心,以 MA 和 ND 为半径作两圆弧,则 M 和 N 圆弧相切于 MN 的延长线点 G 上。

曲线与圆 M、圆 N 的最大误差分别发生在 B、C 两点,应满足的条件为

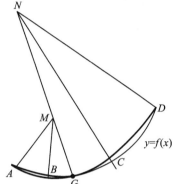

图 3-9　用相切圆弧逼近轮廓线

两圆相切点 G　$|R_M - R_N| = \overline{MN}$　　　　(3-2)

满足 $\delta_{允}$ 要求　$\begin{cases} |AM - BM| \leqslant \delta_{允} \\ |DN - CN| \leqslant \delta_{允} \end{cases}$　　(3-3)

2) 计算方法

(1) 求圆心坐标的公式点 A 和 B 处曲线的法线方程式为

$$(x - x_A) + k_A(y - y_A) = 0$$
$$(x - x_B) + k_B(y - y_B) = 0$$

式中:k_A 和 k_B 为曲线在 A 和 B 处的斜率,$k = \mathrm{d}y/\mathrm{d}x$。

解上两式得两法线交点 M(圆心)的坐标为

$$\begin{cases} x_M = \dfrac{k_A x_B - k_B x_A + k_A k_B(y_A - y_B)}{k_A - k_B} \\ y_M = \dfrac{(x_B - x_A) + (k_A y_A - k_B y_B)}{k_A - k_B} \end{cases} \quad (3\text{-}4)$$

同理可通过 C、D 两点的法线方程求出点 N(圆心)坐标为

$$\begin{cases} x_N = \dfrac{k_C x_D - k_D x_C + k_C k_D(y_C - y_D)}{k_C - k_D} \\ y_N = \dfrac{(x_D - x_C) + (k_C y_C - k_D y_D)}{k_C - k_D} \end{cases} \quad (3\text{-}5)$$

(2) 求 B、C、D 三点坐标　根据式(3-2)和式(3-3),得

$$\sqrt{(x_A - x_M)^2 + (y_A - y_M)^2} + \sqrt{(x_M - x_N)^2 + (y_M - y_N)^2}$$
$$= \sqrt{(x_D - x_N)^2 + (y_D - y_N)^2} \quad (3\text{-}6)$$

$$\begin{cases} \left| \sqrt{(x_A - x_M)^2 + (y_A - y_M)^2} - \sqrt{(x_B - x_M)^2 + (y_B - y_M)^2} \right| = \delta_允 \\ \left| \sqrt{(x_D - x_N)^2 + (y_D - y_N)^2} - \sqrt{(x_C - x_N)^2 + (y_C - y_N)^2} \right| = \delta_允 \end{cases} \tag{3-7}$$

式中的 A、B、C、D 的 y 坐标值分别由以下公式求出。

$$y_A = f(x_A), \quad y_B = f(x_B), \quad y_C = f(x_C), \quad y_D = f(x_D)$$

再代入式(3-6)和式(3-7)，用迭代法可求出 B、C、D 坐标值。

（3）求圆心 M、N 坐标值和 R_M、R_N 值　将 B、C、D 坐标值代入式(3-4)和式(3-5)，即求出圆心 M 和 N 的坐标值，并由此求出 R_M 和 R_N 值。

应该指出的是，在曲线有拐点和凸点时，应将拐点和凸点作为一个计算单元（每一计算单元为四个点）的分割点。

3）特点

在圆弧逼近零件轮廓的计算中，采用相切圆法，每次可求得两个彼此相切的圆弧，由于在前一个圆弧的起点处与后一个圆弧终点处均可保证与轮廓曲线相切，因此，整个曲线是由一系列彼此相切的圆弧逼近实现的。可简化编程，但计算过程较烦琐。

思考题与习题

3-1　数控加工走刀路线的相关坐标计算包括哪些内容？

3-2　基点和节点有什么区别？何为切削点？

3-3　非圆轮廓曲线加工为什么要计算节点坐标？

3-4　等步长法逼近轮廓曲线，其逼近线段的步长如何确定？

3-5　等步长法逼近轮廓曲线，其逼近节点的计算步骤是什么？

3-6　等误差法逼近轮廓曲线，其逼近节点的计算步骤是什么？

3-7　等误差法逼近轮廓曲线，其逼近方式有何特点？

3-8　圆弧逼近非圆轮廓曲线时，有哪些常用方法？试描述其逼近方式的特点。

第4章 数控车床加工工艺与编程

4.1 数控车削加工工艺

4.1.1 数控车床的组成与分类

数控车床在盘、轴类回转体零件的加工中占有十分重要的地位,在我国得到了较广泛的应用;大大提高了车削加工的精度和生产效率。目前数控车床加工以二轴联动车削为主,并正在向多轴、车铣复合加工发展,功能越来越强,为制造业的创新发展提供了有利条件。

1. 数控车床的组成

数控车床由数控装置、床身、主轴箱、进给传动系统、刀架、尾座、液压系统、冷却系统、润滑系统、排屑器、防护罩等部分组成,如图 4-1 所示。由于实现了计算机数字控制,数控车床的伺服电动机驱动刀具作连续纵向和横向的进给运动,所以其进给系统与普通车床的进给系统在结构上存在着本质上的差别。普通车床主轴的运动经过挂轮架、进给箱、拖板箱传到刀架,实现纵向和横向的进给运动;而数控车床则是采用伺服电动机经滚珠丝杠,传到拖板和刀架,实现纵向(Z 向)和横向(X 向)的进给运动。因此,数控车床进给传动系统的结构大为简化。

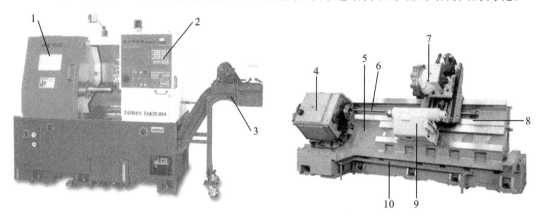

图 4-1　数控车床的组成

1—防护罩;2—数控装置;3—排屑器;4—主轴箱;5—床身;
6—滚珠丝杠;7—刀架;8—高精度导轨;9—尾座;10—床座

2. 数控车床的分类

随着数控机床制造技术的不断发展,为了满足不同的加工需求,数控车床的品种和规格越来越多。对数控车床的分类可以采用以下不同的方法。

1) 按主轴的配置形式分类

(1) 卧式数控车床　卧式数控车床是指主轴轴线处于水平位置的数控车床。它又可以分为水平导轨卧式数控车床和倾斜导轨卧式数控车床两种。

(2) 立式数控车床　立式数控车床是指主轴轴线处于垂直位置的数控车床。它有一个直径较大的工作台,用以装夹工件。这类数控车床主要用于加工大直径的盘类零件。

2)按数控系统的功能分类

(1)经济型数控车床　该种数控车床一般是在普通车床基础上改造而来的,采用步进电动机驱动的开环控制系统;数控车床结构简单,一般无刀尖圆弧半径自动补偿和恒线速切削等功能,成本较低,车削精度也不高,一般最小分辨率为 0.01 mm 或 0.005 mm。

(2)全功能型数控车床　该种数控车床一般采用交流、直流伺服电动机驱动形成全闭环或半闭环控制系统,数控功能齐备,可以进行多个坐标轴的控制;具有高刚度、高精度和高效率等特点,一般最小分辨率为 0.001 mm 或更小。

(3)车削中心　车削中心在全功能型数控车床的基础上,增加了铣削动力头和 C 轴控制,有的还配置有刀库、换刀装置和机械手等,可实现 X、Z 和 C 三个坐标轴联动及其他多个轴控制。工件在车削中心上一次装夹后,除可以进行一般车削外,还可以进行径向和轴向铣削、曲面铣削,以及中心线不在零件回转中心的孔和径向孔的钻、铰、攻螺纹等多种加工。车削中心功能全面,加工质量和效率都较高,但价格也较高。

3)按数控系统控制的轴数分类

(1)两轴控制的数控车床　该种数控车床只有一个回转刀架,可实现 X、Z 两个轴联动控制。机床一般带有尾座,用来加工较长的轴类零件。

(2)四轴控制的数控车床　该种数控车床床身上安装有两个独立的拖板和回转刀架,一般没有尾座,可实现四轴控制。由于分别控制每个刀架的切削进给,两个刀架可同时切削同一个工件的不同部位,扩大了加工范围,提高了加工效率。这种车床适用于加工曲轴、飞机零件等形状复杂、批量较大的零件。

(3)多轴控制的数控车床　该种数控车床除控制 X、Z 两轴外,还可以控制如 Y、B、C 轴进行数控复合加工,也就是功能复合化的数控车床。车削中心即典型的多轴控制数控车床。

3. 数控车床的布局

数控车床的主轴箱、尾座等部件相对于床身的布局形式与普通车床基本一致,而床身和导轨的布局形式则发生了较大变化,且直接影响数控车床的使用性能及机床的结构和外观;根据数控车床的床身和导轨与水平面的相对位置特点,其布局可分为水平床身、斜床身、平床身斜拖板、立床身等四种形式,分别如图 4-2(a)、(b)、(c)、(d)所示。

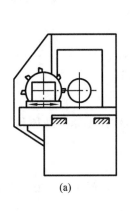 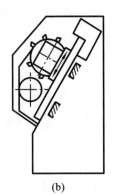 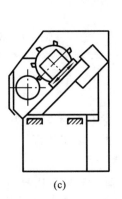 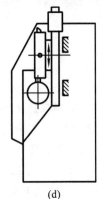

(a) (b) (c) (d)

图 4-2　数控车床的布局形式

　　水平床身工艺性好,导轨面易于加工制造。水平床身配置水平拖板和刀架,可提高刀架的运动精度,一般适用于大型数控车床或小型精密数控车床的布局。但由于水平床身下部空间小,故排屑较差。从结构尺寸来看,刀架水平放置使得拖板横向尺寸较大,从而加大了机床宽度方向的结构尺寸。

　　斜床身、平床身斜拖板在现代数控机床中得到了广泛应用,其优点是机床外观简洁、美观,占地面积小,容易实现封闭式防护,排屑容易,便于安装自动排屑器,便于操作,易于安装机械手,以实现单机自动化等。平床身斜拖板还兼有水平床身工艺性好的特点。这两种布局形式在中小型数控车床普遍采用。

　　斜床身按导轨倾斜的角度不同,可分为 30°、45°、60°、75° 和 90°(即立床身)。倾斜角度小,则排屑不便;倾斜角度大,则导轨的导向性及受力情况差。此外,导轨的倾斜度还影响车床外形尺寸高度和宽度的比例。因此,中小规格数控车床的床身倾斜角度以 60° 为宜。90° 导轨倾斜角度的立床身一般用于大型数控车床布局,结构复杂,外形尺寸大、床身的高度较高,排屑方便,主要适合大型、特大型回转体类零件的加工。

　　另外,刀架作为数控车床的重要部件之一,对车床的整体布局及工作性能也有较大影响。转塔式回转刀架是数控车床上普遍采用的刀架,它通过转塔头的旋转、分度、定位来实现机床的自动换刀工作。转塔式回转刀架分度准确、定位可靠、重复定位精度高、转位速度快、夹紧刚度好,适合于数控车床的高精度、高效率要求。

　　转塔式回转刀架分为立式和卧式两种。立式转塔刀架的回转轴线垂直于车床主轴,有 4、6 工位两种,结构比较简单,水平床身数控车床多采用这种刀架。卧式转塔刀架的回转轴线平行于车床主轴,可以在其径向和轴向安装刀具;径向刀具多用作外圆及端面加工,轴向刀具多用作内孔加工;刀架常用的工位数有 8、10、12、14 四种,斜床身数控车床多采用这种刀架。

4.1.2　数控车床的主要加工对象

　　数控车床可以自动完成内、外圆柱面,圆锥面,圆弧面,端面,螺纹等工序的切削加工,并且能进行切槽、钻孔、镗孔、扩孔、铰孔等加工。由于数控车床具有加工精度高、能够进行直线和圆弧插补(高档数控车床还有非圆曲线插补功能),以及在加工过程中能自动变速等特点,因此其工艺范围较普通车床大很多。数控车床主要加工对象有以下几种。

　　1. 轮廓形状复杂或难以控制尺寸的回转体零件

　　因数控车床数控装置都具有直线和圆弧插补功能,有些数控车床数控装置还具有某些非圆曲线插补功能,所以能够车削由任意直线和平面曲线轮廓组成的、形状复杂的回转体零件或难以控制尺寸的回转体零件。

　　2. 精度要求较高的回转体零件

　　尺寸、形状和位置等精度要求高的回转体零件,适合用数控车削加工。例如:尺寸要求精度高达 0.001 mm 的零件,圆柱度要求高的圆柱体零件,素线直线度、圆度和倾斜度均要求较高的圆锥体零件等。

　　3. 表面粗糙度要求高的回转体零件

　　数控车床具有恒线速切削功能,能加工出表面粗糙度值小而均匀的零件。普通车床加工时,切削速度变化会使车削后的零件表面粗糙度有很大差异;而使用数控车床的恒线速切削功能,就能选用最佳线速度来车削锥面、球面和端面等,使加工后的表面粗糙度值既小又一致。

4. 带特殊螺纹的回转体零件

传统车床所能车削的螺纹种类相当有限,它只能车削等导程的直、锥面的公、英制螺纹,而且一台车床只限定加工若干种导程。数控车床不但能车削任何等螺距的直、锥和端面螺纹,而且能车增螺距、减螺距,以及要求等螺距、变螺距之间平滑过渡的螺纹和变径螺纹。数控车床可以配备精密螺纹切削功能,再加上采用机夹硬质合金螺纹车刀,以及可以使用较高的转速,所以车削出来的螺纹精度较高,表面粗糙度值小。

5. 淬硬回转体零件

在大型模具加工中,有不少尺寸大而形状复杂的回转体零件。这些零件热处理后的变形量较大,磨削加工有困难,因此可以用陶瓷刀片刀具在数控车床上对淬硬后的零件进行车削加工,以车代磨,提高加工效率。

6. 超精密、超低表面粗糙度的零件

磁盘、录像机磁头、激光打印机的多面反射体、复印机的回转鼓、照相机等光学设备的透镜及其模具,以及隐形眼镜模具等要求超高的轮廓精度和超低的表面粗糙度值,它们适合于在高精度、高性能的数控车床上加工。数控车床超精加工的轮廓精度可达到 $0.1~\mu m$,表面粗糙度可达 $Ra~0.02~\mu m$,所用车床数控系统的最小分辨率应达到 $0.01~\mu m$。

4.1.3　数控车床常用夹具

在数控车床上装夹工件,首先应尽量使定位基准与工序基准(或设计基准)重合,即满足基准重合原则,以避免由于基准不重合产生的误差;其次在多工序或多次安装中,应尽量选用相同的定位基准,即满足基准统一原则,以保证零件的位置精度要求;此外,在装夹时还应定位准确、可靠,操作方便和便于对刀等。数控车床常用的夹具主要有:三爪自定心卡盘、四爪单动卡盘、心轴和弹簧心轴、顶尖、弹簧夹套等。

1. 圆周定位夹具

1) 三爪自定心卡盘

手动三爪自定心卡盘的三个卡爪是同步运动的,能自动定心,一般不需找正,是常用的数控车床通用夹具。它的夹持范围大,装夹速度较快,但夹紧力较小,定心精度不高;多用于装夹外形规则的中小型工件。用它装夹精加工过的工件表面时,应在工件表面包一层铜皮,以免夹伤工件表面。三爪自定心卡盘的卡爪有正爪和反爪两种形式,反爪用来装夹直径较大的工件。

为提高生产效率和减轻劳动强度,适合批量生产的要求,目前数控车床还广泛采用液压或气动三爪自定心卡盘;其自动定心夹紧运动及夹紧力由液压或气压机构提供,通过调整油压或汽缸压力,可改变卡盘的夹紧力,以满足不同工件的需要。其中,液压三爪卡盘在生产厂已通过了严格平衡检验,具有高转速(8 000 r/min)、高夹紧力、高精度、使用寿命长等优点;但装夹范围小,一般只能夹持直径变动约为 5 mm 的工件,尺寸变化大时需要重新调整卡爪位置;这类卡盘有中空液压三爪卡盘和中实液压三爪卡盘之分,分别如图 4-3(a)、(b)所示。相比较而言,气动三爪自定心卡盘通孔直径较大,但夹持力较小;适合于材质较软的工件装夹,以避免夹伤工件表面。

2) 软爪

通常三爪卡盘定心精度不高,即使液压三爪卡盘定心精度稍高些,但仍不适用于同轴度要求较高的零件,或进行工件的二次装夹加工;此时在批量生产时常采用带软爪的卡盘。与通常三爪卡盘的卡爪要经过淬火热处理,硬度较高,很难用常规刀具切削不同,软爪是一种具有切

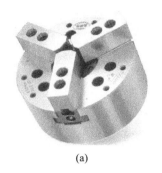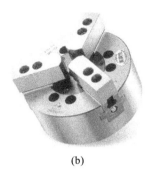

(a)　　　　　　　　　　　　　　　(b)

图 4-3　液压三爪卡盘

削性能的卡爪,通常用低碳钢制造。它在使用前,要配合被加工工件进行镗削等专门加工,可获得理想的夹持精度。在数控车床上根据加工工件外圆大小自车内圆弧软爪,示例如图 4-4 所示。

加工软爪时要注意以下几个方面的问题。

(1) 软爪要在与使用时相同的夹紧状态下进行车削,以免在加工过程中松动或由于卡爪反向间隙而引起定心误差。车削软爪内定位表面时,要在靠卡盘处夹一适当的圆盘料,以消除卡盘端面螺纹的间隙,如图 4-4 所示。

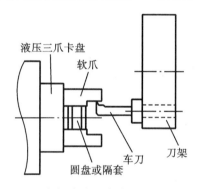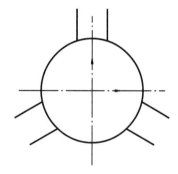

图 4-4　数控车床自车内圆弧软爪示例　　　　**图 4-5　理想软爪内径**

(2) 当被加工工件以外圆定位时,软爪夹持直径应比工件外圆直径略小,如图 4-5 所示;其目的是增加软爪与工件的接触面积。软爪内径大于工件外径时,会使软爪与工件形成三点接触,如图 4-6 所示;此种情况下夹紧不牢固,应尽量避免。当软爪内径过小时,如图 4-7 所示,会形成软爪与工件的六点接触,这样不仅会在被加工表面留下压痕,而且软爪接触面也会变形。

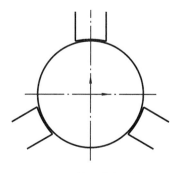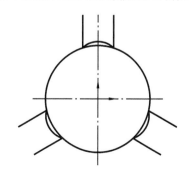

图 4-6　软爪内径过大　　　　　　　　**图 4-7　软爪内径过小**

3）卡盘加顶尖

在车削质量较大的工件时，一般应将工件的一端用卡盘夹持，另一端用后顶尖支承。为了防止工件由于切削力的作用而产生轴向位移，须在卡盘内装一限位支承，或者利用工件的台阶面进行限位，如图 4-8 所示。这种装夹方法比较安全可靠，能够承受较大的轴向切削力，安装刚度好，轴向定位准确，所以在数控车削加工中应用较多。

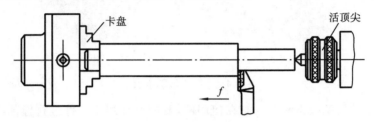

图 4-8   卡盘和顶尖装夹工件时用工件的台阶面限位

4）心轴和弹簧心轴

当工件用已加工过的孔作为定位基准时，可采用心轴装夹。这种装夹方法可以保证工件内外表面的同轴度，适用于批量生产。心轴的种类很多，常见的有圆柱心轴、小锥度心轴，这类心轴的定心精度不高。而弹簧心轴（又称涨心心轴）既能定心、又能夹紧，是一种定心夹紧装置。图 4-9 是台阶式弹簧心轴，它的膨胀量为 $1.0 \sim 2.0$ mm。

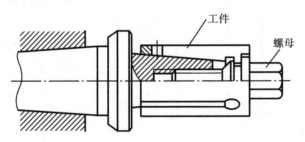

图 4-9   台阶式弹簧心轴装夹工件

5）弹簧夹套

弹簧夹套定心精度高，装夹工件快捷方便，常用于精加工过的外圆表面定位。它特别适用于尺寸精度较高、表面质量较好的冷拔圆棒料的夹持。弹簧夹套所夹持工件的内孔为规定的标准系列，并非任意直径的工件都可以进行夹持。图 4-10（a）所示为拉式弹簧夹套，图 4-10（b）所示为推式弹簧夹套。

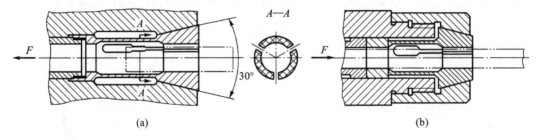

图 4-10   弹簧夹套

6）四爪单动卡盘

四爪单动卡盘如图 4-11(a)所示，它的四个卡爪是各自独立运动的，这样可以调整工件夹持部位相对于车床主轴的径向位置,使工件加工表面的回转中心与车床主轴的回转中心重合。用四爪单动卡盘安装工件时需利用划针盘或百分表进行找正,如图 4-11(b)所示,比较费时,只适用于单件小批生产中装夹截面形状不规则或偏心的回转体零件。

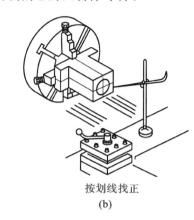

按划线找正

(a)　　　　　　　　　　　(b)

图 4-11　四爪单动卡盘

2. 中心孔定位夹具

1) 两顶尖拨盘

对于长度尺寸较大或加工工序较多的轴类零件的精加工,为保证每次装夹时的定位精度,可将工件装夹在主轴顶尖和尾座顶尖之间。两顶尖装夹工件方便,不需找正,装夹精度高,但必须先在工件的两端面钻出中心孔。顶尖分前顶尖和后顶尖。

前顶尖一般插入主轴锥孔内,如图 4-12(a)所示;还有一种是夹持在卡盘上的,如图 4-12(b)所示。

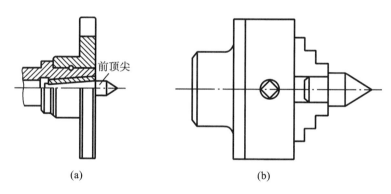

(a)　　　　　　　　　　　　(b)

图 4-12　前顶尖

后顶尖插入数控车床的尾座套筒内,一种是固定的(死顶尖),另一种是如图 4-8 所示的回转的(活顶尖)。死顶尖刚度大,定心精度高,但工件中心孔易磨损。活顶尖内部装有滚动轴承,适于高速切削时使用,但定心精度不如死顶尖高。

前、后顶尖对工件起定心和支承作用,可承受工件的重量和切削力,但不能直接带动工件转动,一般须通过如图 4-13(a)所示的拨盘和鸡心夹头带动工件旋转。拨盘的后端有内螺纹和车床主轴配合,盘面有 U 形槽可用来装弯尾鸡心夹头;在鸡心夹头的一端装有方头螺钉,可紧固工件。生产中也可用图 4-13(b)所示的三爪卡盘来代替拨盘。

使用两顶尖装夹工件时须注意如下事项。

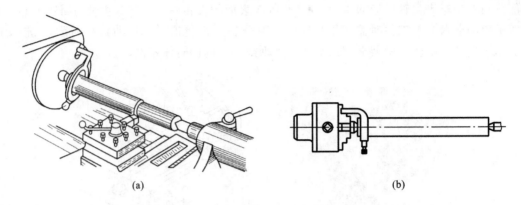

图 4-13　两顶尖装夹工件

（1）车削前要调整尾座顶尖轴线，使前、后顶尖的连线应该与车床主轴中心线同轴；否则，会产生不应有的锥度误差或双曲线误差。

（2）尾座套筒在不影响车刀切削的前提下，应尽量伸出短些，以增加刚度和减小振动。

（3）中心孔的形状应正确、光洁。在轴向精确定位时，中心孔倒角可以加工成准确的圆弧形，并且以该圆弧形与顶尖锥面的切线为轴向定位基准来进行定位，这样可自动纠正少量的位置偏差。

（4）两顶尖中心孔的配合应该松紧适当。

另外，利用两顶尖定位还可加工偏心工件，如图 4-14 所示。

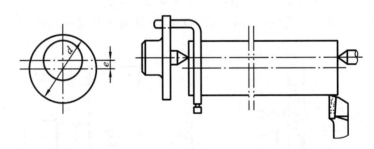

图 4-14　利用两顶尖加工偏心工件

2）拨动顶尖

（1）外、内拨动顶尖　外拨动顶尖如图 4-15(a)所示，内拨动顶尖如图 4-15(b)所示。这种顶尖的锥面带齿，能嵌入工件，拨动工件旋转。

（2）端面拨动顶尖　端面拨动顶尖如图 4-16 所示。这种顶尖用端面拨爪带动工件旋转，适合装夹直径在 50～150 mm 之间的工件。

3. 其他车削夹具

数控车削加工中有时会遇到一些复杂和不规则或大而薄的零件，不能使用三爪、四爪卡盘或顶尖装夹，需要借助其他夹具，如花盘、角铁等。

1）花盘

花盘的平面与主轴轴线垂直，盘面上有许多长短不等的径向导槽，使用时配以压块、螺栓、螺母、垫块、平衡铁等，可将工件装夹在盘面上。当零件上需加工的回转表面轴线相对于安装平面有垂直度要求，或零件上需加工的平面相对于安装平面有平行度要求时，则可以把工件用

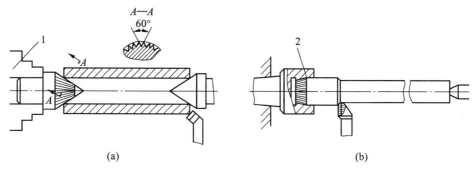

图 4-15　内、外拨动顶尖

1—外拨动顶尖；2—内拨动顶尖

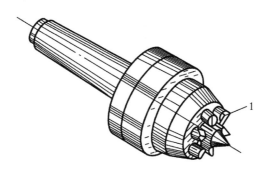

图 4-16　端面拨动顶尖

1—拨爪

压板、螺栓安装在花盘上再进行加工。安装时，按工件的划线痕进行找正，同时要注意重心的平衡，以防止旋转时产生振动。加工双孔连杆的第一孔时，用花盘装夹的方法如图4-17所示。

2）角铁

常用的直角形角铁要有一定的刚度，用于贴靠花盘及安放工件的两个平面应有较高的垂直度。当零件上需加工的回转表面轴线相对于安装平面有平行度要求，或零件上需加工的平面相对于安装平面有垂直度要求时，则可以用花盘、角铁安装工件。加工对开轴承座孔时，用花盘配合角铁装夹的方法如图 4-18 所示。

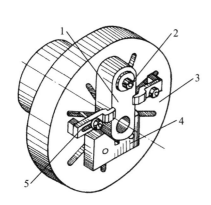

图 4-17　用花盘装夹双孔连杆

1—双孔连杆；2—螺栓；3—花盘；4—V 形块；5—压板

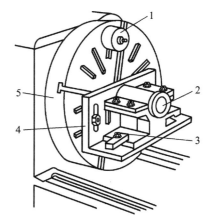

图 4-18　用花盘配合角铁装夹对开轴承座

1—平衡块；2—对开轴承座；3—压板；4—角铁；5—花盘

4.1.4　数控车刀

数控车削相对于普通车削来说,对刀具提出了更高的要求。选择数控车刀是拟定数控车削加工工艺的重要内容。刀具的合理选择,对于保证数控车削的加工质量,提高加工效率,降低制造成本具有至关重要的作用。

1. 数控车刀的特点

为适应数控车床加工精度高、加工效率高、加工工序集中及工件装夹次数少等要求,使数控车床较好发挥作用,数控车刀应满足如下要求。

1) 要有高的切削效率

随着现代制造技术的进步,数控车床正朝着高速、高刚度和大功率的方向发展,这就要求数控车刀必须具有很高的切削效率,能够承受高速切削和强力切削,从而直接提高产能并明显降低生产成本。

2) 要有高的精度和重复定位精度

随着零部件的制造精度越来越高,对数控车刀的精度、刚度和重复定位精度提出了更高的要求。刀具必须具备较高的尺寸、形状和位置精度,同时数控车削工具系统各组成部分之间的连接应有较高的制造、定位精度,以适应加工零件日益复杂和精密的要求。

3) 要有高的可靠性和耐用度

数控加工时为了保证产品质量,往往对刀具实行强迫换刀制或由数控系统对刀具寿命进行管理,因此刀具工作的可靠性已上升为选择刀具的关键指标。为满足数控车削加工及对难切削加工材料加工的要求,刀具材料应具有高的切削性能和耐用度,不但其切削性能要好,而且一定要性能稳定,同一批刀具在切削性能和刀具寿命方面不得有较大差异,以免在无人看管的情况下,因刀具先期磨损和破损造成加工零件的大量报废,甚至损坏机床。

4) 可实现刀具尺寸的预调和快速换刀

数控车刀结构应能预调尺寸,以达到很高的重复定位精度;并可人工快速换刀或实现自动换刀。

5) 应具有比较完善的工具系统和刀具管理系统

随着数控机床结构、功能的发展,从广义上讲,数控机床刀具系统已不再采用普通机床所采用的那种"一机一刀"模式,而是多种不同类型刀具同时在数控机床主轴或刀盘上轮换使用且可以自动换刀的"数控工具系统"。由于在数控车床上要加工多种工件,或完成工件上多道工序的加工,因此需要使用的刀具品种、规格和数量较多,刀具管理也日趋复杂。为减少刀具的品种规格并实现刀具的有效管理,有必要配备完善、先进的车削类工具系统和刀具管理系统;这样可以充分发挥工具的性能,减少工具储备,实现刀具快速更换及高效切削。

6) 应有刀具在线监控及尺寸补偿系统

刀具在线监控及尺寸补偿系统可以及时判断、识别刀具损坏,进行刀具磨损补偿,防止工件出现废品和意外事故。

以上数控车刀应具备的特点和要求,也同样适用于其他数控刀具。此外,数控车刀必须能可靠断屑,因此对刀片的断屑槽有较高要求,一般应采用三维断屑槽。

2. 数控车刀的种类

数控车刀可以按以下不同方式进行分类。

1）按结构分类

（1）整体式刀具　由整块材料磨制而成，使用时可根据不同用途将切削部分修磨成所需要的形状，如高速钢磨制的白钢刀。

（2）镶嵌式刀具　它分为焊接式和机夹式。机夹式又根据刀体结构不同，分为不转位和可转位两种。

（3）减振式刀具　当刀具的工作长度与直径比大于 4 时，为了减少刀具的振动和提高加工精度所采用的一种特殊结构的刀具，如减振式数控内孔车刀。

（4）内冷式刀具　刀具的切削冷却液通过刀盘传递到刀体内部，再由喷孔喷射到切削刃部位。

2）按切削工艺分类

依据加工表面形状的不同，数控车刀可以分为外圆车刀、端面车刀、内孔车刀、切断或切槽车刀、螺纹车刀等。

如图 4-19 所示，Ⅰ 为宽刃精车刀车削外圆、Ⅱ 为直头外圆车刀车削外圆，Ⅲ 为 90°外圆偏刀车削外圆面和轴肩面，Ⅳ 为弯头车刀车削外圆，Ⅴ 为弯头车刀车削端面。

图 4-20 所示为切断或切槽刀。

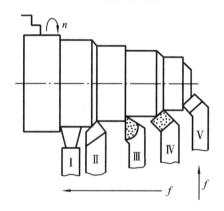

图 4-19　各种外圆车刀和端面车刀

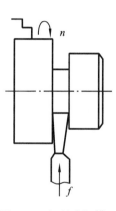

图 4-20　切断或切槽刀

图 4-21（a）、（b）所示分别为车削通孔和车削盲孔的内孔车刀。

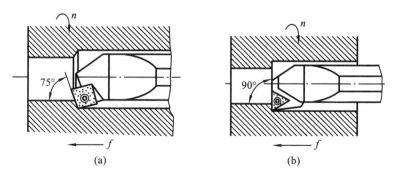

图 4-21　内孔车刀

图 4-22（a）、（b）所示分别为外螺纹车刀和内螺纹车刀。

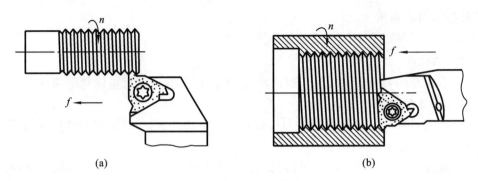

图 4-22　螺纹车刀

3）按刀具制作材料分类

按刀具制作材料，刀具可以分为高速钢刀具、硬质合金刀具、陶瓷刀具、立方氮化硼刀具、聚晶金刚石刀具等。其中：对于少部分难加工材料，如淬火钢、耐热钢等，主要采用陶瓷、立方氮化硼、聚晶金刚石等作为刀片材料；而硬质合金则因其切削性能优异，性价比高，作为刀片材料在目前数控车刀中用的最为普遍。

硬质合金刀片按国际标准分为三大类：P 类，M 类，K 类。

P 类：相当于我国的 YT 类，适于加工钢、长屑可锻铸铁等。

M 类：相当于我国的 YW 类，适于加工奥氏体不锈钢、铸铁、高锰钢、合金铸铁等。

M-S 类：适于加工耐热合金和钛合金等。

K 类：相当于我国的 YG 类，适于加工铸铁、冷硬铸铁、短屑可锻铸铁、非钛合金等。

K-N 类：适于加工铝、非铁合金等。

K-H 类：适于加工淬硬材料。

另外，目前在生产中还广泛使用涂层刀具；它是在韧度和强度较高的硬质合金基体或高速钢基体上，采用化学气相沉积法或物理气相沉积法涂覆一层极薄的、硬质和耐磨性极高的难熔金属化合物而获得的。涂层刀具既具有基体材料的强度和韧度，又具有很高的耐磨性。在相同的切削速度下，涂层高速钢刀具的耐用度可提高 2～10 倍；涂层硬质合金刀具的耐用度可提高 1～3 倍。常用的涂层材料有 TiC、TiN、TiCN、Al_2O_3 等。

3. 数控机夹可转位车刀

机夹可转位车刀是将专业厂家生产的有一定几何切削角度的多角形可转位刀片，用机械的方法装夹在特制的匹配刀杆上。这种刀具精度高，可靠性好。车刀的几何角度是由刀片结构形状及其在刀杆槽座中的安装位置来确定的，不需要刃磨；刀片的一个切削刃磨钝后，可转位改用另一个新切削刃；只有当刀片上所有的切削刃都磨钝后，才需要换新刀片。采用这种车刀切削加工时所需的辅助时间短，生产率高，适合现代化生产要求。目前这种刀具是国家重点推广的项目之一，在数控车削中也应用最广泛。

1）可转位刀片代码

按国际标准 ISO 1832—2004，可转位刀片的代码表示方法是由 10 位字符串组成，其排列如下。

＊ ＊ ＊ ＊ ♯ ♯ ♯ ＊ ＊-＊

＊是字母；♯是数字。

其中，每一位字符串代表刀片某种参数的意义，分别介绍如下。

第一位表示刀片的几何形状及其夹角。

第二位表示刀片主切削刃后角（法后角）。

第三位表示公差，表示刀片内切圆直径 d 与厚度 s 的精度级别。

第四位表示刀片类型、紧固方式或断屑槽。

第五位表示刀片边长、切削刃长。

第六位表示刀片厚度。

第七位表示修光刀，刀尖圆角半径 r 或主偏角 κ_r 或修光刃后角 α_n。

第八位表示切削刃状态，尖角切削刃或倒棱切削刃等。

第九位表示进刀方向或倒刃宽度。

第十位表示各刀具公司的补充符号或倒刃角度。

一般情况下，第八位和第九位的代码在有要求时才填写，第十位代码因厂商而异。此外，各刀具厂商可以另外添加一些符号，用连接号将其与 ISO 代码相连接（如—PF 代表断屑槽型）。可转位刀片用于车、铣、钻、镗等不同的加工方式时，其代码的具体内容也略有不同，每一位字符串参数的具体含义可参考各刀具厂商的刀具样本。现主要以车刀可转位刀片为例进行介绍。

【例 4-1】　写出数控普通车刀可转位刀片公制型号代码 CNMG120408E-NUB 表示的含义。

可转位刀片代码表示的含义如下。

2）可转位车刀刀片的夹紧方式

机夹可转位车刀由刀片、定位元件、夹紧元件和刀体组成，为了使刀具能达到良好的切削性能，刀片的夹紧方式必须满足下列基本要求。

（1）刀片夹紧可靠，切削过程中不允许松动或移位；但夹紧力也不宜过大，且应均匀分布，以免压碎刀片。

（2）刀片定位准确，在转换切削刃或更换新刀片后，刀片位置应能保持足够的精度。

（3）排屑流畅，有足够的排屑空间。

（4）夹紧结构简单紧凑，不致削弱刀杆刚度；转换切削刃和更新刀片时应操作便捷。

常见可转位车刀刀片的夹紧方式有上压式、偏心销式、销杠式、L 形杠杆式、楔销式、复合式等，如图 4-23 所示。

3）可转位车刀刀片的选择

依据被加工零件的材料、表面粗糙度要求和加工余量等条件来选择可转位刀片。

（1）刀片材料的选择　可转位车刀刀片材料主要有高速钢、硬质合金、涂层硬质合金、陶瓷、立方氮化硼、聚晶金刚石等，其中应用最多的是硬质合金和涂层硬质合金刀片。选择刀片材料的主要依据有被加工工件的材料、被加工表面的精度要求、切削载荷的大小及加工中有无冲击和振动等。

（2）刀片尺寸的选择　刀片尺寸的大小取决于必要的有效切削刃长度 L，有效切削刃长

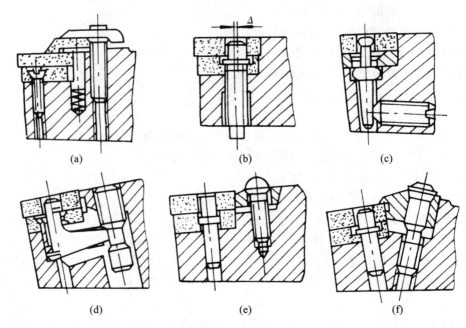

图 4-23　可转位刀片的典型夹紧方式

(a)　　　　　　　　(b)　　　　　　　　(c)

(d)　　　　　　　　(e)　　　　　　　　(f)

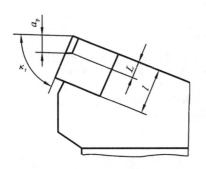

图 4-24　有效切削刃长度 L 与背吃刀量 a_p 和主偏角 κ_r 的关系

度 L 与背吃刀量 a_p 和主偏角 κ_r 有关,如图 4-24 所示。使用时可查阅有关刀具手册或样本选取。

（3）刀片形状的选择　刀片形状主要依据被加工工件的表面形状、切削方法、刀具寿命和刀片的转位次数等因素来选择。刀片的刀尖角大,则切削刃强度增大,耐冲击;但工艺适应性差,车削时的背向力大,容易引起振动。通常刀尖角度对加工性能的影响如图4-25所示。

（4）刀片的刀尖半径选择　刀尖圆弧半径的大小直接影响刀尖的强度及被加工零件的表面粗糙度。刀尖圆弧半径大,被加工零件的表面粗糙度值增大,切削力增大且易产生振动,但切削刃强度增加,刀具前后刀面磨损减少。通常在切深较小的精加工、细长轴加工、机床刚度较差情况下,选用刀尖圆弧应较小些;而在需要刀刃强度高、工件直径大的粗加工中,选用刀尖圆弧大些。

切削刃强度增强,振动加大

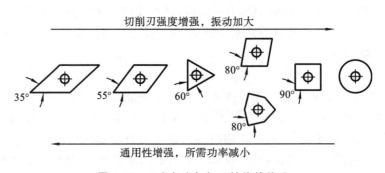

通用性增强,所需功率减小

图 4-25　刀尖角度与加工性能的关系

（5）刀片断削槽形的选择　刀片断屑槽形的参数直接影响切削的卷曲和折断,应根据加工类型和加工对象的材料特性来选取。各刀具厂商对刀片断屑槽形的表示方法不尽相同,但基本思路类似;即基本槽形按加工类型分有精加工(代码 F)、普通加工(代码 M)、粗加工(代码 R);加工材料按国际标准分有加工钢的 P 类,加工不锈钢、合金钢的 M 类和加工铸铁的 K 类。这两种情况相组合就有了相应的槽形,例如 FP 指用于钢的精加工槽形,MK 指用于铸铁普通加工的槽形。使用时可查阅有关手册或刀具样本选取。普通车床用的硬质合金刀片一般采用两维断屑槽,而数控车削刀片常采用三维断屑槽。断屑槽有很多形式,其共同特点是断屑性能好,断屑范围宽。

4）数控机夹可转位车刀的选择及安装

选择数控机夹可转位车刀时,须根据零件的结构形状和精度要求、工序内容、工件材料和毛坯状况、机床条件及加工能力等因素进行综合考虑。

（1）刀杆整体形式的选择和刀杆的安装　首先,应根据机床刀架是前置式还是后置式、前刀面是向上还是向下、主轴的旋转方向以及需要的进给方向情况等,选择右手刀、左手刀或左右手刀;其次,根据机床上转塔式回转刀架的接口情况,选择方形或圆形刀杆,并保证刀具安装在刀架上有足够的连接刚度,以免对加工产生不利影响。在卧式转塔刀架上安装车削刀具如图 4-26 所示,在安装时可能需要通过刀具座、套筒等作过渡将刀具安装在刀架上。

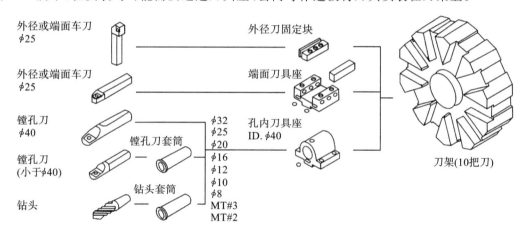

图 4-26　卧式转塔刀架上安装车削刀具

对于外圆车削,应根据加工要求确定刀杆横截面的尺寸大小、刀杆长度等;在车刀安装时应注意刀杆轴线与主轴中心线垂直,刀尖与工件轴心线等高。

对于内孔镗削,选用恰当的内孔车刀刀杆并合理安装,应遵循以下诸原则。

① 根据车刀能加工的最小孔径,选择尽可能大的刀杆,这样在同等悬伸长度情况下,刀具有较好的刚度及抗振性。

② 在满足加工要求的前提下,应尽可能缩短刀杆的悬伸长度。

③ 在深孔镗削或刀杆与内孔尺寸相差不大的情况下,排屑往往是一大难题,这时可考虑选用内冷式结构的刀杆,通过内冷却(或压缩空气)方式提高排屑效果。

④ 内孔车刀刀杆的夹紧是整个工艺系统功能的确定性因素,一定要保证夹紧的刚度。若直接使用螺钉压紧时,会使镗杆表面受到伤害,将导致稳定性差;在使用硬质合金镗杆时,不能直接用螺钉压紧,而应根据有关手册或刀具厂家的推荐方案选用可行的刀杆夹紧方式。

（2）刀杆头部形式的选择　　刀杆的头部形式决定了车刀主偏角及刀尖角的大小,从而影响车刀的切削能力、切削刃强度和刀具的工艺适应性。在加工内、外回转表面时,应根据纵向车削、端面车削或仿形车削等工序内容要求恰当地选择主偏角及刀尖角,并配以合适的可转位刀片。图 4-27 所示为几种不同主偏角及刀尖角车刀配以相应可转位刀片进行外轮廓车削加工的示意图。

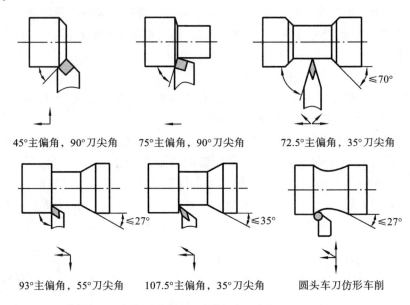

45°主偏角,90°刀尖角　　75°主偏角,90°刀尖角　　72.5°主偏角,35°刀尖角

93°主偏角,55°刀尖角　　107.5°主偏角,35°刀尖角　　圆头车刀仿形车削

图 4-27　不同主偏角及刀尖角车刀车削加工示意图

4.2　数控车床基本编程指令

4.2.1　准备、辅助、进给、主轴和刀具指令

由于数控车削加工的高度自动化特性,数控车床在加工过程中的每一个功能动作,如主轴的启停和正反转、夹具的夹紧与松开、刀具的更换、冷却液的开关等都要在加工程序中用指令的方式加以描述和指定。此类指令称为工艺指令。工艺指令包括准备功能指令(G 指令)、辅助功能指令(M 指令)、进给功能指令(F 指令)、主轴功能指令(S 指令)和刀具功能指令(T 指令)等。

1. 准备功能指令(G 指令)

准备功能指令由字母 G 和其后的两位数字组成,从 G00 到 G99 共 100 个。G 指令分为两种。一种是模态指令,又称续效指令,这种指令在某个程序段出现后,其功能就一直保持有效,直到后面的程序段中又出现同组的另一个 G 代码或被取消为止。因此在连续的若干程序段中,只要指定一次模态 G 指令,在其后的程序段中就不必再重复指定了。另一种是非模态指令,这种指令功能仅在其所出现的程序段中才有效;所以若需要使用非模态 G 指令,必须在相应的程序段中指定。

表 4-1 为 FANUC 0i Mate-TC 系统常用指令代码,并按 G 指令功能对其进行了分组。同一功能组的 G 代码不允许写在同一程序段中,若同一程序段中指定了两个或两个以上同一组

的 G 指令,则数控装置只认定最后一个是有效的指定,例如 G01 G00 X30.0;则此程序段将以快速定位(G00)方式移动至 X30.0 的位置,G01 指令将被忽略。表 4-1 中的 00 组指令为非模态 G 指令。

表 4-1　FANUC 0i Mate-TC G 指令

分　组	G 代码	功能含义	分　组	G 代码	功能含义
01	G00	快速定位	00	G50	建立工件坐标系/最高转速限定
	G01	直线插补		G70	精车加工循环
	G02	顺时针圆弧插补		G71	轴向粗车复合循环
	G03	逆时针圆弧插补		G72	径向粗车复合循环
00	G04	进给暂停		G73	仿形粗车复合循环
	G09	准确定位		G74	Z 轴啄式钻孔循环
06	G20	英制尺寸单位		G75	沟槽加工循环(径向)
	G21	米制尺寸单位		G76	螺纹加工复合循环
00	G27	返回参考点检查	01	G90	轴向加工单一循环
	G28	返回参考点		G92	螺纹加工单一循环
	G29	自动从参考点返回		G94	径向加工单一循环
01	G32	等螺距螺纹切削	02	G96	主轴恒线速度控制
	G34	变螺距螺纹切削		G97	主轴恒转速控制
07	G40	取消刀尖半径补偿	05	G98	每分钟进给控制
	G41	刀尖半径左补偿		G99	每转进给控制
	G42	刀尖半径右补偿			

需要说明的是,G 指令虽然很多,但国际上实际使用 G 指令的标准化程度较低。因此实际编程时,必须严格按照具体使用机床的编程手册进行编程。尽管不同数控系统使用的指令在定义和功能上有一定的差异,但其基本功能和编程方法还是相同的。

2. 辅助功能指令(M 指令)

辅助功能主要用来指定数控机床加工过程中的相关辅助动作和机床状态,控制如主轴启动、停止、正反转和换刀、尾架或夹盘的夹紧与松开等。因为多是控制某一电器开关状态,所以又称为开关功能。

辅助功能指令由字母 M 和其后的两位数字组成,从 M00 到 M99 共 100 个。M 指令也分为模态和非模态两种。与 G 指令不同的是,M 指令还规定了指定的辅助功能在一个程序段中起作用的时间,即 M 代码分为前指令码(表 4-2 中标 W)和后指令码(表 4-2 中标 A)。前指令码和同一程序段中的移动指令同时执行,后指令码在同一程序段的移动指令执行完后才执行。如 M03、M04 主轴转向指令与同一程序段移动指令同时开始起作用;M00、M02 等在程序段移动指令执行完后才开始起作用。

表 4-2 为 FANUC 0i Mate-TC 系统常用 M 指令代码。M 指令因数控机床生产厂家及机床结构和规格的不同也有所不同,但与标准规定的功能基本一致,出入不大。

表 4-2　FANUC 0i Mate-TC 系统常用 M 功能

代　码	功　能	代　码	功　能
M00(A)	程序停止	M08(W)	切削液开
M01(A)	选择停止	M09(A)	切削液关
M02(A)	程序结束	M30(A)	程序结束
M03(W)	主轴正转	M98(A)	调用子程序
M04(W)	主轴反转	M99(A)	返回主程序
M05(A)	主轴停止		

下面简要说明一些常用 M 代码功能。

M00——程序停止指令。程序执行到此进给停止,主轴停转,冷却液关闭;程序指针指向下一程序段并停下来。此时可进行一些比较固定的手工操作,如测量工件的尺寸,将工件掉头安装,排除切屑等。重新按下机床控制面板上的"循环启动"按钮后,系统可继续执行后面的程序段。

M01——程序选择停止指令。该指令执行过程与 M00 相似,不同的是只有按下机床操作面板上的"选择停止"按钮时,该指令才有效;否则该指令不起作用,系统继续执行后面的程序。M01 执行后,重新按下"循环启动"按钮后,系统可继续执行后面的程序段。该指令常用于对工件上的关键尺寸进行停机抽样检测或交接班临时停止等情况。

M02——程序结束指令。该指令编在最后一个程序段中,表示程序结束。执行后,机床的主轴、进给、冷却液等所有动作全都停止,整个系统复位,加工结束。

M03、M04、M05——主轴正转、反转、停止指令。

M08——切削液打开指令。

M09——切削液关闭指令。

M30——程序结束指令。该指令编在最后一个程序段中,表示程序结束,执行过程与 M02 相似;不同的是该指令执行后,可使程序返回到开始的状态。

M98——调用子程序指令,具体用法见后。

M99——子程序结束并返回到主程序的指令,具体用法见后。

3. 进给功能指令、主轴功能指令和刀具功能指令

1) 进给功能指令(F 指令)

进给功能指令用于指定加工中的进给速度,进给速度可以是每转进给量,也可以是每分钟进给量。

(1) 每转进给模式　这种进给功能由 G99 和字母 F 及其后的数值组成。

指令格式:G99 F ____;

F 后的数值为主轴转一圈时刀具的进给量(单位:mm/r)。数控装置上电后,初始默认状态为 G99 状态,因此 G99 可以省略不写而系统保持每转进给的状态。若执行了 G98 指令,则取消了 G99 状态;直到后面又执行了含有 G99 的程序段才恢复为每转进给的状态。每转进给模式在数控车床上应用较多。

(2) 每分钟进给模式　这种进给功能由 G98 和字母 F 及其后的数值组成。

指令格式:G98 F ____;

F 后的数值为刀具每分钟的进给量(单位:mm/min)。G98 执行后,系统将保持每分钟进给的状态,直到后面又执行了含有 G99 的程序段,此时 G98 功能被取消,而 G99 将发生作用。

2) 主轴功能指令(S 指令)

主轴功能用于指定主轴转速或切削速度,用地址 S 及其后面的数字来表示。

(1) 主轴恒转速控制。

指令格式:G97 S____ ;

其中 G97 为恒转速控制指令,S 后面指定的数值为主轴每分钟转过的圈数。例如:G97 S600 表示主轴转速为 600 r/min。数控装置上电后的初始默认状态为 G97 状态,因此 G97 可以省略不写而系统保持主轴恒转速控制状态。通常在车削螺纹或工件直径变化不大时使用恒转速控制。

(2) 主轴恒线速控制。

指令格式:G96 S____ ;

其中 G96 为恒线速度控制指令,S 后面指定的数值为切削点处工件的线速度,即切削速度。例如:G96 S160 表示切削点线速度为 160 m/min。通常为保证表面粗糙度的要求,在工件直径变化较大时使用恒线速度控制。

主轴转速与切削速度的关系为

$$n = \frac{1\ 000\ v}{\pi d}$$

式中:v——线速度,单位为 m/min;

　　d——切削点工件的直径,单位为 mm;

　　n——主轴转速,单位为 r/min。

当车削的工件直径变化较大,特别是加工端面时,由于刀具离工件回转中心越近,主轴转速越高,工件有飞出的可能,为了防止事故的发生,这时就必须限定主轴的最高转速。

(3) 主轴最高转速限制。

指令格式:G50 S____ ;

其中 G50 为主轴最高转速控制指令,S 后面指定的数值为主轴的最高转速,单位为r/min。例如:G50 S2000 表示主轴最高转速不得大于 2 000 r/min。

3) 刀具功能(T 指令)

刀具功能是用来选择、调用刀具的功能。数控车床在加工过程中,针对加工内容及加工工序的不同,需要调用不同的刀具,如粗车刀、精车刀、螺纹刀、切槽刀等。因此加工工序中需要指定刀具及相应的补偿值。

刀具功能指令由字母 T 和其后四位数字组成。

指令格式:T____

其中指令字 T 后的前两位数字表示刀具号,后两位为此刀具补偿号。刀具补偿号实际上是刀具补偿寄存器的地址号,一般可以是 00~32 中任意一个数;刀具补偿号为 00 时,表示不进行补偿或取消刀具补偿。例如:T0202 表示调用 2 号刀,同时选用 2 号刀具补偿值;T0200 表示取消 02 号刀具补偿。

数控车床的刀具补偿包括两个方面,即刀具位置补偿和刀尖圆弧半径补偿。数控装置中设有专门寄存器用于储存刀具补偿值。刀具补偿的设定界面如图 4-28 所示。对应于每个刀具补偿号,都有 X、Z、R、T 参数;在加工工件前,可通过操作面板上的功能键和编辑键分别设定、修改刀具所对应的 X 轴补偿量、Z 轴补偿量、刀尖半径补偿量及刀尖的方位号。当数控车床加工中执行到相关程序段时,就会自动根据指令调入相应刀具补偿值进行补偿,使刀具达到相应位置,保证加工精度。

```
┌─────────────────────────────────────────┐
│ 工件补正/现状                    00010  N0200 │
│ 番号      X          Z          R       T    │
│ C01    −246.005   −101.366    0.800    02    │
│ C02    −228.265   −102.453    0.400    03    │
│ C03    −234.106   −108.215    3.000    08    │
│ C04    −232.357   −112.336    2.500    06    │
│ C05      0.000      0.000              00    │
│ C06      0.000      0.000              00    │
│ C07      0.000      0.000              00    │
│ C08      0.000      0.000     0.000    00    │
│ 现在位置(相对坐标)                            │
│                                              │
│            U  0.000        W  0.000          │
│ ADRS  MX 25.300                 S 0  T      │
│   JOG    ****   ***   ***                    │
│ [磨损]    [现状]   [SETTING]  [坐标系] [操作]  │
└─────────────────────────────────────────┘
```

图 4-28　刀具补偿设定界面

刀尖圆弧半径补偿的方法见后面有关内容。下面介绍刀具位置补偿。

刀具位置补偿又称刀具长度补偿,是对刀具几何位置偏移和刀具磨损进行补偿,可用于补

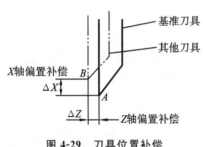

图 4-29　刀具位置补偿

偿不同刀具之间的刀尖位置偏移。如图 4-29 所示,在编程与实际加工中,一般以其中一把刀具为基准,并以该刀具的刀尖位置点 A 为依据来建立工件坐标系。当其他刀具转到加工位置时,由于刀具几何尺寸差异及安装误差,刀尖的位置 B 相对于点 A 就有偏移量 ΔX、ΔZ。这样,原来以对刀点 A 设定的工件坐标系对这些刀具就不适用了。利用刀具位置补偿功能可以对刀具轴向和径向偏移量 ΔX、ΔZ 实行修正,将所有刀具的刀尖位置都移至对刀点 A。

刀具位置补偿值设定是在对刀过程中进行的。若在数控加工程序中采用 G50 指令建立工件坐标系,可先用基准刀具进行对刀操作,然后进入图 4-28 所示的刀具补偿设定界面,将基准刀具对应的 X 轴补偿值、Z 轴补偿值均设为 0;再移开刀架换第二把刀具,通过对刀操作测得它与基准刀具在径向和轴向的位置偏差值 ΔX、ΔZ,假设 ΔX、ΔZ 分别为 10.2 和 −9.3,则在图 4-28 所示的刀具补偿设定界面中,将 10.2 和 −9.3 分别输入至第二把刀具对应的 X 轴补偿值和 Z 轴补偿值中。其他各刀具的位置补偿值设置类同。执行程序前,先将基准刀具移到工件坐标系中程序开头 G50 X __ Z __ 指定的 X、Z 后的坐标值位置,执行该段程序后,就通过机床刀架参考点建立起工件坐标系。

若采用刀具偏置法设置工件零点,则先用第一把刀通过试切法试切工件外圆,得到工件的直径值 X __ ,假设为 40.8;然后在图 4-28 所示的刀具补偿设定界面中,将光标移至 X 列对应的刀位号,输入外圆直径"X40.8",按"测量"软键后,即自动输入刀具的 X 轴偏置值;再用试切

法试切工件端面,得到端面位置值 Z __(当工件坐标系原点设置在工件右端面回转中心时,该值为 0),用同样方法输入刀具的 Z 轴偏置值。依次用各把刀具进行类同的试切对刀和相应数据输入操作,即得到各把刀具 X、Z 轴偏置值。这里存储的 X、Z 轴偏置值是每把刀具在对刀点时机床刀架参考点在机床坐标系中的坐标值。

有些数控车床设有对刀显微镜或红外线对刀仪,可以实现自动对刀不需要试切。对刀显微镜分划板十字中心的坐标在机床坐标系中是一个固定值,对刀时只需要将刀具的刀尖对准对显微镜分划板中心,则该刀具刀尖的偏置值自动确定,并由系统自动存入该刀位补偿号寄存器中。

此外,由于刀具磨损或重新安装造成的刀尖位置有偏移时,只要修改相应的存储器中的位置补偿值,而无需更改程序。刀具位置补偿是操作者控制加工尺寸的重要手段。假如某工件加工后外圆直径比要求的尺寸大(或小)了,就可以修改相应存储器中的补偿值 X 的数值来减小或消除该加工误差。当长度方向尺寸有偏差时,修改方法类同。

4.2.2　快速定位、直线插补、圆弧插补指令

1. G00 快速定位指令

G00 指令使刀具以数控系统预先设定的最快速度按点位控制方式从刀具当前点快速移动至目标点。用于刀具趋近工件或在切削完毕后使刀具撤离工件等空行程运动。该指令没有运动轨迹要求,也不需要规定进给速度(F 指令无效)。

指令格式:G00 X(U)__ Z(W)__ ;

说明:

① 在一个零件的加工程序段中,根据图样上标注的尺寸,可以按绝对坐标编程、增量坐标编程或两者混合编程。绝对坐标编程指令中坐标轴地址码用 X、Z 来表示,X、Z 值为终点坐标值;增量坐标编程指令中坐标轴地址码用 U、W 来表示,U、W 值为刀具的移动距离,即终点相当于起点的坐标增量值。如两者混合编程,则可写成

G00 X __ W __ ;

或 G00 U __ Z __ ;

② 由于零件的回转尺寸(径向尺寸)在图样上标注及测量时,一般都用直径值表示,因此数控车削加工常用直径编程。即直径方向按绝对坐标编程时 X 值以直径值表示,按增量坐标编程时 U 值以径向实际位移量的 2 倍值表示。

③ 当某一轴上相对位置不变时,可以省略该轴的坐标值。

以上各项也同样适用于车削加工中的其他移动指令。

【例 4-2】　如图 4-30 所示,刀具准备切削工件外圆表面前,须从当前位置快速定位到工件右端面前方 6 mm 处。工件原点如图 4-30 所示,可运用快速定位指令如下。

绝对坐标编程　　G00 X50.0 Z6.0;

增量坐标编程　　G00 U−70.0 W−84.0;

混合编程　　　　G00 U−70.0 Z6.0;或 G00 X50.0 W−84.0;

从图 4-30 可见,在快速定位时,由于 X、Z 两坐标轴均以预先设定的最快速度移动,因此并不能保证各轴同时到达指令位置,两轴的合成运动轨迹有可能为折线。在编程时,一定要注意避免刀具和其他部件碰撞。

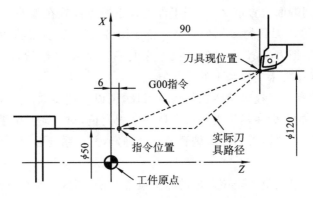

图 4-30　G00 指令运用示例

2. G01 直线插补指令

G01 指令使刀具以 F 指定的进给速度从当前点沿直线移动到目标点,既可以是刀具沿 X 轴方向或 Z 轴方向独立作直线运动,又可以是以 X、Z 两轴联动方式作任意斜率的直线运动。移动过程中可以进行切削加工。

指令格式:G01 X(U)__Z(W)__F__;

指令中:X、Z 坐标值为终点坐标值;U、W 分别代表 X、Z 坐标的增量坐标形式,即终点相对于起点的坐标增量值;F 为刀具的进给速度(进给量)。在程序中,应用第一个 G01 指令时,一定要规定一个 F 指令;因 F 指令是续效的,在以后的程序段中,在没有指定新的 F 指令以前,进给速度保持不变,不必在每个程序段中都写入 F 指令。

【例 4-3】　编制如图 4-31 所示零件的精加工数控程序,工件坐标系原点在点 O。

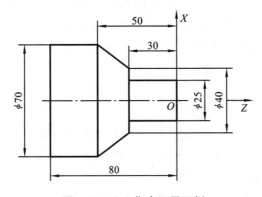

图 4-31　G01 指令运用示例

绝对坐标编程:

O0403	程序号
M03 S500;	主轴正转,转速 500 r/min
T0101;	调用 1 号刀具,同时选用 1 号刀具补偿值
G00 X25.0 Z1.0;	快速进刀
G01 Z−30.0 F0.2;	车 $\phi25$ 外圆
X40.0;	车 $\phi40$ 端面,G01 插补省略
X70.0 Z−50.0;	车锥面,G01 插补省略

```
    Z－80.0;                车 φ70 外圆,G01 插补省略
G00 X200 Z100;             刀具退离工件返回
M02;                       程序结束
增量坐标编程:
O0493                      程序号
M03 S500;                  主轴正转,转速 500 r/min
T0101;                     调用 1 号刀具,同时选用 1 号刀具补偿值
G00 X25.0 Z1.0;            快速进刀
G01 W－31.0 F0.2;          车 φ25 外圆
    U15.0;                 车 φ40 端面,G01 插补省略
    U30.0 W－20.0;         车锥面,G01 插补省略
    W－30.0;               车 φ70 外圆,G01 插补省略
G00 X200 Z100;            刀具退离工件返回
M02;                       程序结束
```

3. G02、G03 圆弧插补指令

圆弧插补指令分为顺时针圆弧插补指令 G02 和逆时针圆弧插补指令 G03。G02 或 G03
指令使刀具按 X、Z 两轴联动方式,以 F 指定的进给速度
从当前点沿顺时针圆弧或逆时针圆弧移动到目标点。移
动过程中可以进行切削加工。圆弧插补的顺、逆可按图
4-32 给出的方向判断。沿垂直于圆弧所在平面(如 XZ
平面)的坐标轴的正向往负方向(－Y)看去,刀具相对于
工件转动方向是顺时针方向为 G02,逆时针方向为 G03。

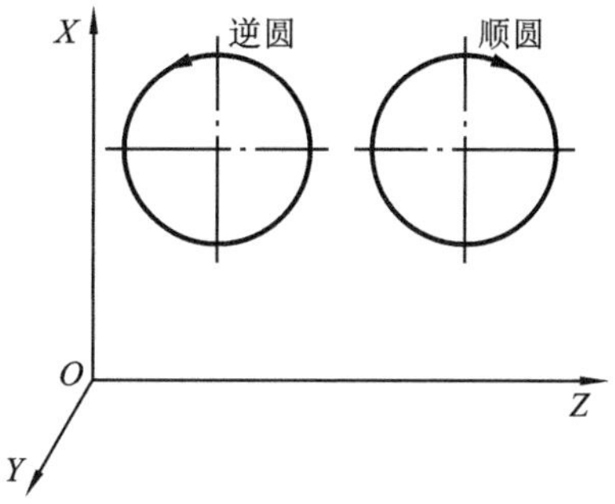

1) 指令格式

加工圆弧时,不仅要用 G02/G03 指出圆弧的顺、逆
时针方向,用 X、Z 指定圆弧的终点坐标,而且还要指定

图 4-32　圆弧顺逆判断

圆弧的圆心位置。常用圆心位置的指定方法有两种,因而 G02/G03 的指令格式也有两种。

(1) 用 I、K 指定圆心位置。

指令格式:G02 X(U)＿Z(W)＿I＿K＿F＿;
　　　　　G03 X(U)＿Z(W)＿I＿K＿F＿;

(2) 用圆弧半径 R 指定圆心位置。

指令格式:G02 X(U)＿Z(W)＿R＿F＿;
　　　　　G03 X(U)＿Z(W)＿R＿F＿;

2) 指令说明

(1) 采用绝对坐标编程时,X、Z 为圆弧终点在工件坐标系中的坐标值;采用增量坐标编程
时,U、W 为圆弧终点相对于圆弧起点的坐标增量值。

(2) 无论是绝对坐标编程还是增量坐标编程,I、K 均分别表示圆弧圆心坐标相对于圆弧
起点坐标在 X 方向和 Z 方向的坐标增量。

(3) 当用圆弧半径指定圆心位置时,由于在同一半径 R 的情况下,过圆弧的起点和终点可

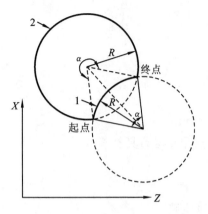

图 4-33　圆弧插补时 R 值的正负选取

画出两个不同的圆弧,为区别二者,系统规定圆心角 α ≤180°时,R 为正值,如图 4-33 中的圆弧 1;α>180°时, R 为负值,如图 4-33 中的圆弧 2。

(4) 用半径 R 指定圆心位置时,不能描述整圆。

【例 4-4】　编制如图 4-34(a)、(b)所示圆弧的精加工程序段,工件坐标系原点设在右端面与回转轴线的交点上。

(1) 如图 4-34(a)所示,当从点 a 运动到点 b 时,圆弧的精加工程序段为

G02 X60.0 Z−19.0 R19.0 F0.2;

当从点 b 运动到点 a 时,圆弧的精加工程序段为

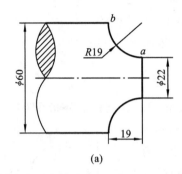

(a)

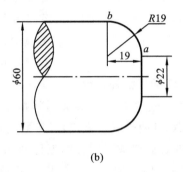

(b)

图 4-34　圆弧插补指令的运用

G03 X22.0 Z0.0 R19.0 F0.2;

(2) 如图 4-34(b)所示,当从点 a 运动到点 b 时,圆弧的精加工程序段为

G03 X60.0 Z−19.0 R19.0 F0.2;

当从点 b 运动到点 a 时,圆弧的精加工程序段为

G02 X22.0 Z0.0 R19.0 F0.2;

从例 4-4 中可以看出,在实际加工中,G02、G03 的判断不仅与圆弧的凹凸有关,还要注意走刀方向。

4.2.3　刀尖圆弧补偿指令

1. 刀尖圆弧补偿的概念

刀尖圆弧补偿亦即刀具半径补偿,可用来补偿由于刀尖圆弧引起的过切或欠切及加工误差。如图 4-35 所示,通常在编程时,为了编程方便,都将刀尖看作是一个点 A;然而任何一把刀具,其刀尖部分都是有圆弧的,实际起车削作用的是切削刃圆弧切点(切削点)。在车削内孔、外圆及端面时,刀尖圆弧并不影响零件的加工尺寸和形状;但在车削锥面、圆弧或曲面时,则会造成过切或少切现象,影响加工精度,如图 4-36 所示。为了消除因刀尖圆弧半径所引起的误差,同时又使编程简单方便,数控车床一般都设置了刀尖圆弧自动补偿功能。

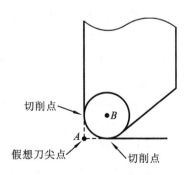

图 4-35　刀尖圆弧半径

这样在编程时,可按零件的实际轮廓以假想的刀尖点(编程点)来编程,然后手工输入刀尖圆弧半径,由系统自动进行刀尖圆弧半径的补偿,生成相应刀具路径,从而加工出所要求的工件轮廓。另外,当刀具磨损或刀具重磨而使刀具半径发生变化时,只需要手工输入改变后的刀具半径,仍可使用原有程序加工出同样的零件。

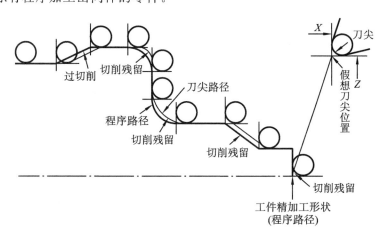

图 4-36　刀尖圆弧造成的欠切和过切

2. 刀尖圆弧半径补偿指令

刀尖圆弧半径是否需要补偿及采用何种方式补偿,可使用 G40、G41、G42 指令设定。

1) 指令格式

刀尖圆弧半径左补偿:G41 G01/G00 X(U)__Z(W)__;

刀尖圆弧半径右补偿:G42 G01/G00 X(U)__Z(W)__;

取消刀尖圆弧半径补偿:G40 G01/G00 X(U)__Z(W)__;

2) 指令说明

(1) 关于选用刀尖圆弧半径左补偿还是右补偿的判断,可参看图 4-37:沿垂直于加工平面(如 XZ 平面)的第三轴的正向往负方向($-Y$)看去,并沿着刀具前进的方向观察,若刀具偏在工件轮廓的左侧,就应选择刀尖圆弧半径左补偿 G41 指令;若刀具偏在工件轮廓的右侧,就应选择刀尖圆弧半径右补偿 G42 指令。G41、G42 指令都用 G40 指令取消。

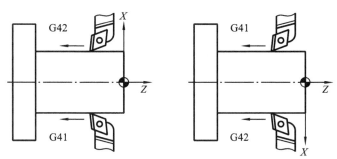

图 4-37　刀尖圆弧半径左、右补偿判断

(2) 数控车床一般总是按假想刀尖点对刀,而实际起车削作用的是切削刃圆弧切点。根据车刀形状及在切削时装夹位置的不同,假想刀尖的方位也不同,因此刀尖圆弧半径补偿的方向也不同。如图 4-38 所示,假想刀尖的方位有八种方式可以选择,分别用方位号 1～8 表示,

箭头表示刀尖方向;如果按刀尖圆弧中心编程,则选用0或9。在进行刀尖圆弧半径补偿时,必须将刀尖圆弧半径补偿值和假想刀尖的方位一起提前设定;即在如前图 4-28 所示的刀具补偿设定界面中,将每把刀具的刀尖圆弧半径输入到对应的刀具补偿号 R 参数里,将假想刀尖方位号输入到对应的刀具补偿号 T 参数里。数控系统就能根据 R 参数和 T 参数自动计算每把刀具刀尖圆心运动轨迹。

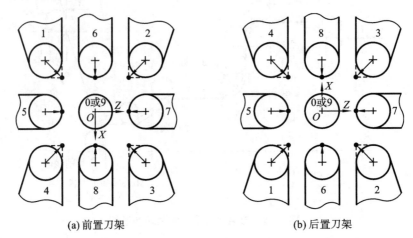

(a) 前置刀架　　　　　　　　　　　(b) 后置刀架

图 4-38　假想刀尖的方位规定

（3）刀尖圆弧半径补偿的执行过程分为三步,如图 4-39 所示。

① 刀具补偿建立:刀具从起始点接近工件,同时根据 G41 或 G42 指令,执行刀具偏置过渡运动;在起刀程序段的下一个程序段的起点位置处,刀尖圆弧中心定位于编程轨迹的垂线上。

② 刀具补偿进行:一旦建立了刀具补偿,则一直维持该状态,除非取消刀具补偿。在刀具补偿进行期间,刀尖圆弧中心轨迹与编程轨迹始终相距一个刀尖圆弧半径值的偏置量,以保证刀尖圆弧处的切削刃始终与编程轨迹处于相切(切削)状态。

③ 刀具补偿取消:执行 G40 取消刀尖圆弧半径补偿指令,刀具撤离工件,经过渡回到起始点。

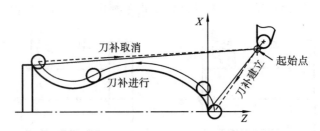

图 4-39　刀尖圆弧半径补偿执行过程

（4）刀尖圆弧半径补偿执行前,一般应先用 T 指令指定刀具补偿号。另外建立刀具补偿(起刀程序段)和撤销刀具补偿(补偿取消程序段)时,G41 或 G42 指令以及 G40 指令一定要和 G00 或 G01 指令一起使用才能生效,而不能在圆弧指令程序段建立或取消刀具补偿。当轮廓切削完成后即用指令 G40 取消补偿,以免对后面的指令或程序产生影响。

【例 4-5】　编制如图 4-40 所示的零件轮廓精加工程序,工件坐标系原点设在点 O;所用的外圆精车刀为 2 号刀具,其刀尖圆弧半径为 0.4 mm。

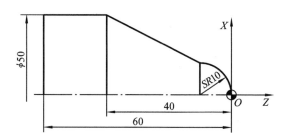

图 4-40　运用刀尖圆弧半径补偿指令精加工零件示例

程序执行前,应先通过对刀,在如图 4-28 所示的刀具补偿设定界面中,设定 02 号刀具对应的 02 号刀具补偿的 X、Z 参数,并将 02 号刀具补偿的 R 参数设置为刀尖圆弧半径值 0.400,T 参数设置为假想刀尖方位号 3。精加工程序如下。

O0405	程序号
N010 T0202;	调用 2 号刀具,同时选用 2 号刀具补偿值
N020 M03 S1100;	主轴正转,转速 1 100 r/min
N030 G00 X0.0 Z3.0;	快速进刀
N040 G42 G01 X0.0 Z0.0 F0.15 M08;	刀尖圆弧半径右补偿
N050 G03 X20.0 Z−10.0 R10.0;	逆圆弧加工半球面
N060 G01 X50.0 Z−40.0;	加工圆锥面
N070 Z−62.0;	加工圆柱面
N080 G40 G00 X100.0 Z60.0;	取消刀具补偿,返回起刀点
N090 M30;	程序结束

4.2.4　其他常用指令

1. 坐标系设定与选取指令

1) G50 工件坐标系设定指令

当工件安装在车床卡盘上准备车削加工时,工件坐标系与机床坐标系是不重合的。为了便于编程,应建立一个工件坐标系使刀具在此坐标系中进行加工。G50 指令可实现工件坐标系的设定。

指令格式:G50 X ___ Z ___;

该指令用以设定刀具起刀点至工件原点的距离,X、Z 数值是刀具刀位点在工件坐标系中的坐标值。该指令是一个非运动指令,执行后并不产生运动。一般作为第一条指令放在整个程序的前面。G50 指令执行前必须先通过对刀,使刀位点置于程序要求的 X、Z 起刀点位置上,即程序起点。

如图 4-41 所示车削加工示例,若以工件右端面与回转轴线的交点 O_1 为原点建立工件坐标系,则工件坐标系设定程序段为 G50 X100 Z80;而若以工件左端面与回转轴线的交点 O_2 为原点建立工件坐标系,则工件坐标系设定程序段为 G50 X100 Z143。可见同样的起刀点位置,如果 G50 指令后 X、Z 数值不同,则建立的工件坐标系原点也不同。

2) G53 机床坐标系选择指令

机床坐标系是机床本身所固有的,在数控机床出厂时已经确定。机床坐标系必须在指定 G53 指令之前设定;因而,配置增量式光电编码器的数控车床通电后必须手动或自动(G28)返

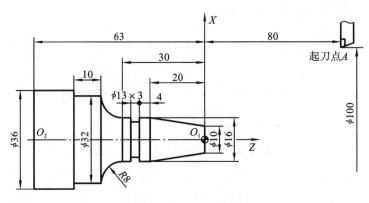

图 4-41　车削加工示例

回参考点,这样就设定了机床坐标系。但用绝对位置编码器时,可不需要返回参考点。G53 指令用于选择机床坐标系。

指令格式:G53 X＿＿Z＿＿;

指令中:X、Z 值用于指定机床坐标系中的坐标位置;G53 指令及跟在后面的 X、Z 坐标值,使刀具以快速移动速度运动至机床坐标系上的指定位置。G53 指令是非模态代码,仅在其指令出现的程序段中有效。指定了 G53 命令,就取消了刀尖圆弧半径补偿和刀具位置补偿。G53 指令常用于将刀具移动到特定位置,如换刀位置。

3)G54～G59 工件坐标系选择指令

工件坐标系除可根据需要由 G50 指令设定外,还可以从 G54～G59 一组指令中指定一个 G 指令,来选择一个当前工件坐标系,在其后程序中出现的所有坐标值均为当前工件坐标系中的坐标。采用 G54～G59 指令进行实际加工前,操作者应采用合适的对刀方法,测量工件原点在机床坐标系中的坐标值,亦即工件原点与机床原点之间的偏置值;然后通过操作面板将偏置值存入数控系统 G54,G55,…或 G59 所对应的零点偏置寄存器中,即每一组零点偏置值,分别对应 G54,G55,…或 G59 指令。

G54～G59 属于同一组的模态指令,采用该组指令之一选择的工件坐标系是在通电后执行了返回参考点时建立的,系统默认的工件坐标系为 G54 坐标系。

2. G28 返回参考点指令

参考点是机床上的一个固定点,通过 G28 指令能自动返回参考点。

指令格式:G28 X(U)＿Z(W)＿;

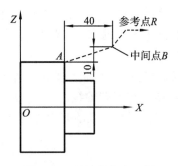

图 4-42　返回参考点示例

指令中:X、Z 为所指定的中间点绝对坐标值;U、W 为所指定的中间点相对于起点的坐标增量值。执行该指令时,刀具快速移动到所指定的中间点位置,然后自动返回到参考点。到达参考点后,相应坐标方向的指令灯亮。为了安全,执行该指令前,应当取消刀尖半径补偿和刀具偏置。

如图 4-42 所示,编制刀具从当前点 A 经中间点 B 返回参考点 R 的程序。

其程序如下:

G28 U20.0 W40.0;

3. G20、G21 英制与米制转换指令

G20、G21 是两个相互取代的指令。机床出厂前一般设定为 G21 状态,机床的各项参数均以米制单位设定。如果一个程序使用 G20 指令,则表示程序中相关的一些数据均是英制(单位为 in);如果程序使用 G21 指令,则表示程序中的数据均是米制(单位为 mm)。在一个程序中,不能同时使用 G20 与 G21 指令,且必须在坐标系设定前在一个单独的程序段中指定;在程序执行时,绝对不能切换 G20 或 G21。G20 或 G21 断电前后一致,即断电前使用的 G20 或 G21 指令,在下次开机后仍有效,除非重新设定。

指令格式:G20;

　　　　　G21;

4. G04 暂停(延迟)指令

该指令是根据暂停计时器预先给定的暂停时间停止进给,使刀具作短时间的无进给光整加工。

指令格式:G04 X(U)___;

　　　　　或 G04 P___;

指令中:地址 X(U)或 P 来指定暂停时间的长短,X(U)后面带的数字允许带小数点,单位为 s,P 后面的数字为整数,单位为 ms。该指令在切槽(在槽底停顿)、钻镗不通孔(在孔底停顿)时经常使用,也可以用于拐角轨迹控制。由于系统的自动加、减速作用,刀具在拐角处的轨迹并不是直线,如果拐角处的精度要求很严格,其轨迹必须是直线时,可在拐角处使用暂停指令。

例如,要暂停 1.5 s 时,则程序段为

G04 X1.5;

或 G04 U1.5;

或 G04 P1500;

【例 4-6】　如图 4-41 所示工件,需要精加工外轮廓并切槽,其中 $\phi 36$ 不加工。试编写数控加工程序。

程序编制的步骤如下。

(1) 依据图样要求,确定加工路线。

用三爪卡盘夹持工件 $\phi 36$ 外圆,根据先主后次的原则,确定其加工路线为:先自右向左切削工件的外轮廓面,然后用切槽;切削完成后返回参考点。

(2) 选择刀具。

根据加工要求,选用外圆车刀(1 号刀)和 3 mm 宽切槽刀(2 号刀)。对刀时先以 1 号刀为基准刀进行对刀,并将 01 号刀具补偿的 R 参数设置为 1 号刀的刀尖圆弧半径值,如 0.4,T 参数设置为假想刀尖方位号 3,X、Z 参数均设为 0.0;然后通过对刀操作测得 2 号刀相对于基准 1 号刀具在径向和轴向的位置偏差值 ΔX、ΔZ,分别输入对应的 02 号刀具补偿的 X、Z 参数中,R、T 参数均不设置或均设为 0。

(3) 选择切削用量。

根据工件材料、刀具材料和机床等因素来考虑。本例中精车外轮廓时主轴转速为 600 r/min,进给量为 0.15 mm/r;切槽时主轴转速为 300 r/min,进给量为 0.1 mm/r。

（4）编写加工程序。

工件坐标系原点设在工件右端面与回转轴线的交点 O_1 上，选点 A 作为起刀点（程序起点），也同时作为换刀点。加工程序如下。

O0406	
N10 G50 X100.0 Z80.0;	工件坐标系设定
N20 T0101;	调用 1 号刀，同时选用 1 号刀刀具补偿值
N30 G00 X10.0 Z3.0 S600 M03;	快速进刀
N40 G42 G01 Z0.0 F0.15;	到达轮廓切削起点位置，且刀尖圆弧半径右补偿
N50　　　　X16.0 W−20.0;	加工圆锥面
N60　　　　W−10.0;	加工 $\phi16$ 圆柱面
N70 G02 X32.0 W−8.0 R8.0;	加工 $R8$ 顺圆弧面
N80 G01 W−10.0;	加工 $\phi32$ 圆柱面
N90　　　　X38.0;	加工 $\phi36$ 端面
N100 G40 G00 X100.0 Z80.0;	取消刀尖圆弧半径补偿，并退到换刀点
N110 T0100;	取消 01 号刀刀具补偿
N120 T0202;	调用 2 号刀，同时选用 2 号刀刀具补偿值
N130 G00 X20.0 Z−27.0 S300;	到准备切槽位置
N140 G01 X13.0 F0.1;	切槽
N150 G04 U2.0;	暂停 2 s 进行光整
N160 G01 X20.0;	横向退刀
N170 G00 X100.0 Z80.0;	退到换刀点
N180 T0200;	取消 02 号刀刀具补偿
N190 G28 U0.0 W0.0;	直接返回到参考点
N200 M30;	程序结束

4.2.5　子程序

数控加工程序可由主程序和子程序组成。在一个数控加工程序中，如果有多个连续的程序段在多处重复出现，则可将这些重复使用的程序段按规定的格式独立编写成子程序，输入到数控装置的子程序存储区，以备调用。程序中子程序以外的部分称为主程序。主程序在执行过程中，如果需要，可调用子程序，并可多次重复调用；同时子程序在执行过程中也可以调用其他的子程序，即子程序嵌套调用；从而可大大简化程序编制工作。FANUC 0i Mate-TC 系统子程序调用最多可嵌套 4 级，如图 4-43 所示。

1. 子程序的编制

1）子程序的结构

子程序在程序的结构上与主程序基本一样，也包括程序号、程序内容、程序结束，只是在子程序结束段要用 M99。

O1000

N10 …;

N20 …;

　　⋮

M99;

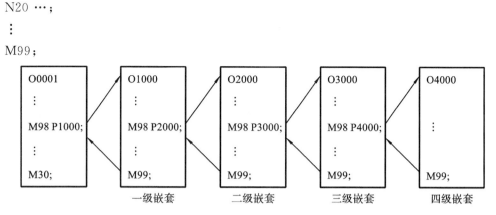

图 4-43　子程序嵌套调用示例

2）子程序调用指令格式

在 FANUC 0i Mate-TC 系统中,主程序调用子程序时用 M98 指令,子程序结束返回用 M99 指令。

子程序调用指令格式:M98 P＿；

在子程序调用指令中,前三位数字为子程序重复调用次数,后四位为子程序号。当不指定重复次数时,子程序只调用一次。

例如:M98 P51002 表示连续调用 1002 号子程序 5 次。

子程序调用指令可以和运动指令在同一个程序段中。

例如:G01 X100.0 M98 P1200 表示在 X 运动后调用 1002 号子程序。

子程序结束并返回主程序指令格式:M99；

2. 子程序应用举例

【例 4-7】　应用子程序编程加工如图 4-44 所示零件,毛坯尺寸为 $\phi80$。工件坐标系设在工件右端面中心。

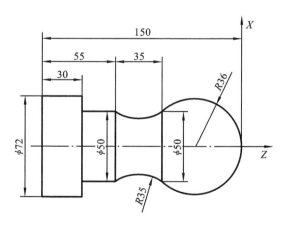

图 4-44　子程序加工示例

主程序:

O0407　　　　　　　　　　　　　　　程序号

N10 T0101;　　　　　　　　　　　　　调用 1 号刀具,同时选用 1 号刀刀具补偿值

N20 M03 S500;　　　　　　　　　主轴正转

N30 G00 X85.0 Z0.0;　　　　　　快速接近工件

N40 G01 X0 F0.2;　　　　　　　　车工件右端面

N50 G00 X100.0 Z100.0;　　　　快速返回换刀点

N60 T0100;　　　　　　　　　　取消 01 号刀刀具补偿

N70 T0202;　　　　　　　　　　调用 2 号刀具,同时选用 2 号刀刀具补偿值

N80 G00 G42 X80.0 Z2;　　　　快速进刀

N90 G01 Z0.0 F0.20;　　　　　到达轮廓切削起点位置

N100 M98 P160417;　　　　　　调用 O0417 号子程序 16 次

N110 G00 G40 X100.0 Z100.0;　取消刀尖圆弧半径补偿,并快速返回换刀点

N120 T0200;　　　　　　　　　取消 2 号刀刀具补偿

N130 M30;　　　　　　　　　　程序结束

子程序:

O0417　　　　　　　　　　　　子程序号

G01 U−5.0 F0.15;　　　　　　径向进给

G03 U50.0 W−60.0 R36.0;　　车削 R36 球面

G02 W−35 R35.0;　　　　　　车削 R35 弧面

G01 W−25.0;　　　　　　　　车削 ϕ50 外圆

G01 U22.0;　　　　　　　　　切削端面

W−30;　　　　　　　　　　　切削 ϕ72 外圆

U8.0;　　　　　　　　　　　　径向退刀

G00 W150;　　　　　　　　　轴向退刀

G00 U−80.0;　　　　　　　　径向进刀

M99;　　　　　　　　　　　　子程序结束

编程说明:工件轮廓切削时,由子程序来控制走刀轨迹,共调用 16 次子程序进行循环切削。第一次循环切削时,刀具从轮廓切削起点位置(80,0)开始,沿−X 方向平移进刀 5 mm(直径值),然后沿着与工件轮廓相同但在 X 方向(径向)有一定偏移量的轨迹(即工件轮廓等距线)上运动;以后每次循环切削的刀具运动轨迹均相似,且均比前次循环切削在−X 方向靠近工件轮廓 5 mm(直径值),直到最后一次循环切削时走刀轨迹与工件轮廓一致,从而最终加工出要求的工件轮廓形状和尺寸。

4.3　数控车床固定循环编程指令

我们来看一个例子,如图 4-45 所示,要加工圆锥面,分三次走刀。

采用常规编程方法,其加工程序如下。

O0443

N01　G96　S800;

N02　T0101;

N03　G50　S3500;

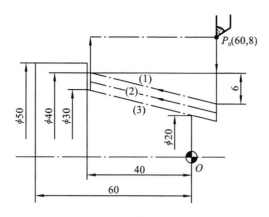

图 4-45 锥面切削循环加工实例

N04   G00   X60   Z8.0   M03；

N05   X28.0；

N06   G01   X40.0   Z－40.0   F50；

N07   X60.0；

N08   G00   Z8.0；

N09   X23.0；

N10   G01   X35.0   Z－40.0；

N11   X60.0；

N12   G00   Z8.0；

N13   X18.0；

N14   G01   X30.0   Z－40.0；

N15   X60.0；

N16   G00   X100.0   Z100.0；

N17   M30；

采用单一循环指令 G90 编程，程序如下。

O0444

N01   G96   S800；

N02   T0101；

N03   G50   S3500；

N04   G00   X60.0   Z8.0   M03；

N05   G90   X40.0   Z－40.0   R－6.0   F50；

N06   X35.0；

N07   X30.0；

N08   G00   X100.0   Z100.0；

N09   M30；

由上例可看出，使用加工循环指令进行编程，可以使程序简化。车削循环指令是指用含 G 功能的一个程序段来完成需要用多个程序段指令的编程指令，如"切入→切削→退刀→返回"，用一个循环指令完成，使程序简化。车削循环一般用在去除大部分余量的粗加工中。各类数控系统循环指令的形式和编程方法相差甚大。

4.3.1 单一固定循环指令

固定循环是预先给定一系列操作，用来控制机床位移或主轴运转，从而完成一系列连续加工动作。如果工件毛坯的轴向余量比径向多时，使用轴向切削循环指令；如果工件毛坯的径向余量比轴向多时，使用径向切削循环指令。

1. 轴向切削循环(内外圆柱或圆锥)指令

1) FUNAC 系统轴向切削循环指令

指令格式：G90 X __ Z __ R __ F __ ；

说明如下。

(1) 如图 4-46 所示，刀具刀尖从循环始点 A 开始，经 A→B→C→D→A 四段直线轨迹。其中 AB、DA 段作快速进给移动，BC、CD 段作直线切削速度 F 移动。

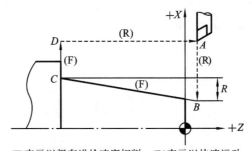

(F)表示以粗车进给速度切削；(R)表示以快速运动

图 4-46 轴向切削循环(内外圆柱或圆锥)

(2) X、Z 值在绝对指令时为切削终点 C 的坐标值，在增量指令时为切削终点 C 相对于循环始点 A 的移动距离。

(3) R 值为圆锥体起始端与终点端的半径差，即 $r_B - r_C$。当算术值为正时，R 取正值；为负时，R 取负值。当切削圆柱面时 R 省略。

(4) F 值为进给速度。

(5) G90 是一种模态代码，所以一旦被使用，在后面的程序段中 G90 一直有效，在完成固定切削循环后，用另外一个 G 代码(例如 G00)来替换 G90。

2) 华中数控系统轴向切削循环指令

指令格式：G80 X __ Z __ I __ F __ ；

说明如下。

(1) G80 对应 FUNAC 系统的 G90。

(2) I __ 对应 FUNAC 系统的 R __ 。

(3) 其他功能字与 FUNAC 系统相同。

3) 举例

【例 4-8】 加工图 4-47 所示零件。用 FUNAC 系统格式和华中数控系统格式进行编程，执行 5 次循环，完成零件的加工。程序如表 4-3 所示。

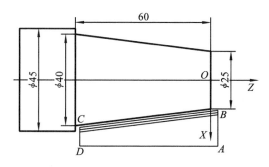

图 4-47　轴向切削循环

表 4-3　轴向切削循环编程实例

FUNAC 系统格式	华中数控系统格式	程 序 说 明
O0408	%0408	程序号
T0101；	T0101	换 1 号刀具
M03 S800；	M03 S800	主轴正转，转速为 800 r/min
G00 X50 Z3；	G00 X50 Z3	刀具快速移动到点 A
G90 X48 Z−60 R−7.875 F120；	G80 X48 Z−60 I−7.875 F120	开始执行固定循环指令
X46；	X46　I−7.875	第 2 次循环
X44；	X44　I−7.875	第 3 次循环
X42；	X42　I−7.875	第 4 次循环
X40；	X40　I−7.875	第 5 次循环
G00 X80 Z80；	G00 X80 Z80	刀具快速移到换刀点
M05；	M05	停止主轴
M02；	M02	结束程序

2. 径向切削循环（内外端面或圆锥）指令

径向切削循环适用于一些长度短、直径大的工件，可用于直端面或锥端面车削循环。

1）FUNAC 系统径向切削循环指令

指令格式：G94 X＿＿ Z＿＿ R＿＿ F＿＿；

说明如下。

① 如图 4-48 所示，刀具刀尖从循环始点 A 开始，经 A→B→C→D→A 四段直线轨迹。其中 AB、DA 段作快速进给移动，BC、CD 段作直线切削速度 F 移动。

② X、Z 值在绝对指令时为切削终点 C 的坐标值，在增量指令时为切削终点 C 相对于循环始点 A 的移动距离。

③ R 值为切削始点 B 相对于切削终点 C 在 Z 轴的移动距离，即 $Z_B - Z_C$。当算术值为正时，R 取正值；为负时，R 取负值。当切削圆柱面时 R 省略。

④ F 值为进给速度。

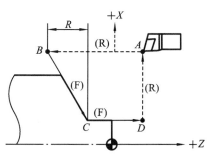

图 4-48　端面切削循环

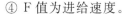

2）华中数控系统径向切削循环指令

指令格式：G81 X＿Z＿K＿F＿

说明如下。

（1）G81 对应 FUNAC 系统的 G94。

（2）K＿对应 FUNAC 系统的 R＿。

（3）其他功能字与 FUNAC 系统相同。

3）举例

【例 4-9】 加工如图 4-49 所示零件。用 FUNAC 系统格式和华中数控系统格式进行编程，执行 4 次循环，完成零件的加工。程序如表 4-4 所示。

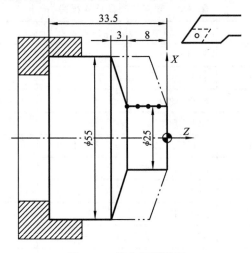

图 4-49　径向切削循环

表 4-4　径向切削循环编程实例

FUNAC 系统格式	华中数控系统格式	程序说明
O0409	%0409	程序号
T0101；	T0101	换 1 号刀具
M03 S800；	M03 S800	主轴正转，转速为 800 r/min
G00 X60 Z5；	G00 X60 Z5	刀具快速移动到循环起点 A
G94 X25 Z−2 R−3.5 F100；	G81 X25 Z−2 K−3.5 F100	开始执行固定循环指令
Z−4 R−3.5；	Z−4 K−3.5	第 2 次循环
Z−6 R−3.5；	Z−6 K−3.5	第 3 次循环
Z−8 R−3.5；	Z−8 K−3.5	第 4 次循环
G00 X80 Z80；	G00 X80 Z80	刀具快速移到换刀点
M05；	M05	停止主轴
M02；	M02	结束程序

4.3.2　复合固定循环指令

使用上述单一固定循环指令 G90、G94 时，虽然能完成一次切削，但还不能有效地简化加工程序。为了使得程序简化,这里引入复合固定循环指令,可以将多次重复的动作用一个程序段来表示,其最大特点是只需在指令中设定每次的车削深度、精车余量、进给量等参数,以及最终走刀轨迹和重复次数,数控系统便按内部计算出粗车的刀具路径,自动进行重复切削直到加工完为止。常用的复合循环指令有 G71、G72、G73、G70。G70 指令在粗加工复合固定循环 G71,G72,G73 指令后,用于精加工。

1. 内(外)径复合循环指令 G71

G71 指令适用于圆柱棒料毛坯粗车阶梯轴的外圆或内孔,需要切除较多余量时的情况。如图 4-50 所示,内(外)径复合循环指令 G71 采用轴向行切法完成零件的粗加工。

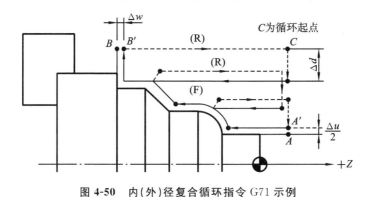

图 4-50　内(外)径复合循环指令 G71 示例

1) FUNAC 系统内(外)径复合循环指令

指令格式:G71 UΔd R e;

　　　　　G71 Pns Qnf UΔu WΔw Ff Ss Tt;

说明如下。

(1) Δd 为循环加工时的背吃刀量,一定为正值。

(2) e 为每次切削结束后的退刀量。

(3) ns 为精车程序开始程序段的顺序号。

(4) nf 为精车程序结束程序段的顺序号。

(5) Δu、Δw 分别为 X 轴、Z 轴方向精加工余量,X 轴余量为直径值。

(6) f、s、t 分别为粗加工时的进给速度、主轴速度和使用的刀具,如果循环前的程序已经对 F、S、T 进行了定义,此处可以省略。

(7) 在精加工程序中由循环起点 C 到点 A 只能使用 G00 或 G01 指令,并且不能有 Z 轴方向移动。

2) 华中数控系统内(外)径复合循环指令

指令格式:G71　UΔd Re Pns Qnf XΔu ZΔw Ff Ss Tt

说明如下。

(1) 华中数控系统只需要书写一个程序段。

(2) 精加工余量用 X、Z 值表示。

(3) 其他功能字与 FUNAC 系统相同。

3) 举例

【例 4-10】 编写图 4-51 所示零件的粗加工程序。用 FUNAC 系统格式和华中数控系统格式进行编程。程序如表 4-5 所示。

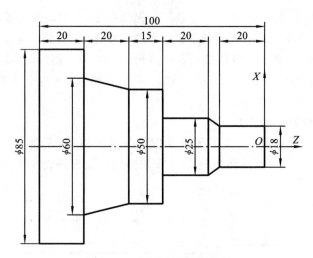

图 4-51　内(外)径复合循环

表 4-5　内(外)径复合循环指令编程实例

FUNAC 系统格式	华中数控系统格式	程 序 说 明
O0410	%0410	程序号
T0101；	T0101	换 1 号刀
M03 S800；	M03 S800	主轴正转,转速为 800 r/min
G00 X88 Z3；	G00 X88 Z3	刀具快速移到工件对刀点
G71 U2 R1； G71 P01 Q05 U0.2 W0.1 F120；	G71 U2 R1 P01 Q05 X0.2 Z0.1 F120	循环指令,背吃刀量为 2 mm, 精加工余量 0.2 mm、0.1 mm
N01 G00 X0；	N01 G00 X0	工件外轮廓的开始
G01 X0 Z0 F80；	G01 X0 Z0 F80	精加工程序
X18；	X18	
Z—20；	Z—20	
X25 Z—25；	X25 Z—25	
Z—45；	Z—45	
X50；	X50	
Z—60；	Z—60	
X60 Z—80；	X60 Z—80	
X85；	X85	
N05 Z—100；	N05 Z—100	工件外轮廓的结束
G70 P01 Q05；		(精加工)
G00 X100 Z100；	G00 X100 Z100	刀具退回安全点
M05；	M05	停止主轴
M02；	M02	结束程序

2. 端面复合循环指令 G72

G72 指令主要用于直径方向的切除余量比轴向余量大时，即沿着平行于 X 轴进行切削循环加工，如图 4-52 所示，端面复合循环指令 G72 采用径向行切法完成零件的粗加工。

1）FUNAC 系统内端面复合循环指令

指令格式：G72 W△d R e；

　　　　　　G72 Pns Qnf U△u W△w Ff Ss Tt；

说明如下。

（1）△d 为循环加工时的背吃刀量，一定为正值。

（2）e 为每次切削结束后的退刀量。

（3）ns 为精车程序开始程序段的顺序号。

（4）nf 为精车程序结束程序段的顺序号。

（5）△u、△w 分别为 X 轴、Z 轴方向精加工余量，X 轴余量为直径值。

（6）f、s、t 分别为粗加工时的进给速度、主轴速度和使用的刀具，如果循环前的程序已经对 F、S、T 进行了定义，此处可以省略。

（7）在精加工程序中由循环起点 C 到 A 点只能使用 G00 或 G01 指令，并且不能有 X 轴方向移动指令。

2）华中数控系统端面复合循环指令

指令格式：G72 W△d Re Pns Qnf X△u Z△w Ff Ss Tt

说明如下。

（1）华中数控系统只需要书写一个程序段。

（2）精加工余量用 X、Z 表示。

（3）其他功能字与 FUNAC 系统相同。

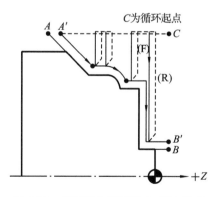

图 4-52　端面复合循环指令 G72 示例

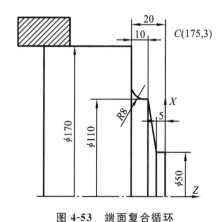

图 4-53　端面复合循环

3）举例

【例 4-11】 编写图 4-53 所示零件的粗加工程序。用 FUNAC 系统格式和华中数控系统格式进行编程。程序如表 4-6 所示。

表 4-6　端面复合循环指令编程实例

FUNAC 系统格式	华中数控系统格式	程序说明
O0411	%0411	程序号

FUNAC 系统格式	华中数控系统格式	程 序 说 明
T0101；	T0101	换 1 号刀
M03 S800；	M03 S800	主轴正转，转速为 800 r/min
G00 X175 Z3；	G00 X175 Z3	刀具快速移到工件对刀点
G72 W2 R1； G72 P01 Q05 U0.2 W0.1 F120；	G72 W2 R1 P01 Q05 X0.2 Z0.1 F120	循环指令，背吃刀量为 2 mm，精加工余量 0.2 mm、0.1 mm
N01 G00 Z−20；	N01 G00 Z−20	工件外轮廓的开始
G01 X126 F80；	G01 X126 F80	精加工程序
G03 X110 Z−12 R8；	G03 X110 Z−12 R8	
G01 Z−10；	G01 Z−10	
X50 Z−5；	X50 Z−5	
N05 Z3；	N05 Z3	工件外轮廓的结束
G70 P01 Q05；		（精加工）
G00 X200 Z100；	G00 X200 Z100	刀具退回安全点
M05；	M05	停止主轴
M02；	M02	结束程序

3. 固定形状粗加工循环指令 G73

G73 指令适用于毛坯轮廓形状与零件轮廓形状基本接近的毛坯的粗车，例如一些锻件和铸件的粗车。如图 4-54 所示，固定形状粗加工循环 G73 采用等距轮廓切法完成零件的粗加工。

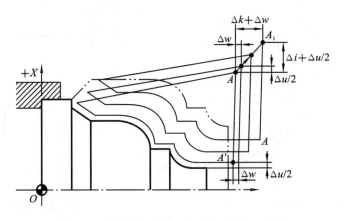

图 4-54　固定形状粗加工循环指令 G73 示例

1) FUNAC 系统固定形状粗加工循环指令

指令格式：G73 UΔi WΔk R d；

　　　　　G73 Pns Qnf UΔu WΔw FΔf SΔs Tt；

说明如下。

(1) Δi 为第一次粗车时 X 轴在循环起点的退刀距离（半径值）。

(2) Δk 为第一次粗车时 Z 轴在循环起点的退刀距离。

（3）d 为粗加工次数。

（4）其他指令字的含义与 G71 相同。

2）华中数控系统固定形状粗加工循环指令

指令格式：G73 UΔi WΔk R$\underline{d}$ P$\underline{ns}$ Q$\underline{nf}$ XΔu ZΔw FΔf SΔs T$\underline{t}$

说明如下。

（1）华中数控系统只需要书写一个程序段。

（2）精加工余量用 X、Z 表示。

（3）其他功能字与 FUNAC 系统相同。

3）举例

【例 4-12】　编写图 4-55 所示零件的粗加工程序。X 轴方向加工余量为 5 mm，Z 轴方向为 5 mm，粗加工次数为 3 次。精车余量 X 轴为 0.2 mm，Z 轴为 0.05 mm。粗车用一号刀，切削速度为 150 m/min，进给量为 0.2 mm/r。精车用二号刀，刀尖半径为 0.6 mm，切削速度为 180 m/min。进给量为 0.07 mm/r。

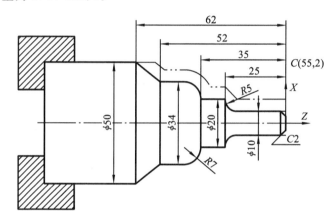

图 4-55　固定形状粗加工循环指令实例

用 FUNAC 系统格式和华中数控系统格式进行编程，程序如表 4-7 所示。

表 4-7　固定形状粗加工循环指令实例

FUNAC 系统格式	华中数控系统格式	程 序 说 明
O0412	％0412	程序号
T0101；	T0101	换 1 号刀
G50 S3000；	G50 S3000	限制主轴最高转速
G96 S150 M03；	G96 S150 M03	采用恒线速度，线速度为 150 m/min
G99 F0.2；	G95 F0.2	采用每转进给，每转进给 0.2 mm
G00 X55 Z2；	G00 X55 Z2	刀具快速移到工件对刀点
G73 U4 W4 R3； G73 P10 Q20 U0.2 W0.05；	G73 U4 W4 R3 P10 Q20 X0.2 Z0.05	循环指令，粗加工 3 次，退刀量 4 mm，精加工余量 0.2 mm、0.05 mm
N10 G00 G42 X6 Z1；	N10 G00 G42 X6 Z1	工件外轮廓的开始

FUNAC 系统格式	华中数控系统格式	程序说明
G01 X10 Z－2 S180 F0.07；	G01 X10 Z－2 S180 F0.07	精加工程序
Z－20；	Z－20	
G02 X20 Z－25 I0 K 5；	G02 X20 Z－25 I0 K 5	
G01 Z－35；	G01 Z－35	
G03 X34 W－7 R7；	G03 X34 W－7 R7	
G01 Z－52；	G01 Z－52	
X50 Z－62；	X50 Z－62	
N20 G40 X55；	N20 G40 X55	
G00 X100 Z100；	G00 X100 Z100	刀具退回换刀点
T0202；		换精车刀
G00 X55 Z2；		
G70 P10 Q20；		精车
G00 X100 Z100；		
M05；	M05	
M30；	M30	结束程序

4. 精加工复合循环指令 G70

指令格式：G70　Pns Qnf

在 G71、G72、G73 指令完成粗加工后，可以用 G70 指令进行精加工。精加工时，G71、G72、G73 程序段中的 F、S、T 指令无效，只有在 ns～nf 程序段中的 F、S、T 才有效。

说明：

（1）ns 为精加工程序组的第一个程序段的顺序号；

（2）nf 为精加工程序组的最后一个程序段顺序号。

ns 和 nf 之间程序组定义的 F 和 S，是指进行精加工时的参数；如果程序组中不指定的 F、S、T 时，粗车循环中指定的 F、S、T 有效。

4.4　螺纹加工指令

4.4.1　车削螺纹方法

1. 螺纹加工

在数控车床上加工的螺纹主要有内（外）圆柱螺纹和圆锥螺纹，单头螺纹和多头螺纹，恒螺距和变螺距螺纹等。加工螺纹常用进刀方式有直进法和斜进法两种，如图 4-56 所示。

直进法一般应用于螺距或导程小于 3 mm 的螺纹加工；斜进法是刀具单侧刃加工，可减轻负载，一般应用于螺距或导程大于 3 mm 的螺纹加工。

2. 螺纹加工的进刀、退刀距离

由于螺纹加工起始时有一个加速过程（Z_1），结束前有一个减速过程（Z_2），在这段距离内

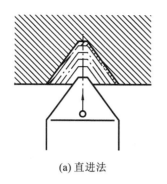 

(a) 直进法　　　　　　　　　　　(b) 斜进法

图 4-56　螺纹切削进刀方式

螺距不可能保持均匀,如图 4-57 所示。因此,车削螺纹时,两端必须设置足够的升速进刀段 Z_1 和降速退刀段 Z_2,以消除伺服滞后造成的螺距误差。

通常 Z_1、Z_2 计算公式为

$$Z_1 = \frac{nP}{400}$$

$$Z_2 = \frac{nP}{1\ 800}$$

式中:n 为主轴转速,r/min;

　　　P 为螺纹导程,mm。

以上计算的为理论值,实际应用一般取值略大。

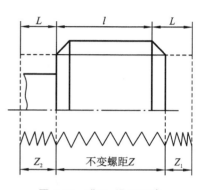

图 4-57　进刀、退刀距离

3. 分层切削深度

螺纹的切削深度遵循后一刀的切削深度不能超过前一刀切削深度的原则。螺纹车削加工为成形车削,尤其是在螺纹牙型较深、螺距较大时,其切削量较大,一般要求分数次进给。每次进给的背吃刀量用螺纹深度减精加工背吃刀量所得差按递减规律分配。常用螺纹切削的进给次数与背吃刀量可参考表 4-8 选取。

表 4-8　螺纹切削的进给次数与背吃刀量

螺距		1.0	1.5	2.0	2.5	3.0	3.5	4.0
牙深		0.649	0.974	1.299	1.624	1.949	2.273	2.598
背吃刀量及切削次数	1	0.7	0.8	0.9	1.0	1.2	1.5	1.5
	2	0.4	0.6	0.6	0.7	0.7	0.7	0.8
	3	0.2	0.4	0.6	0.6	0.6	0.6	0.6
	4		0.16	0.4	0.4	0.4	0.6	0.6
	5			0.1	0.4	0.4	0.4	0.4
	6				0.15	0.4	0.4	0.4
	7					0.2	0.2	0.4
	8						0.15	0.3
	9							0.2

说明:表中切削深度为直径值。

4.4.2 螺纹加工基本指令 G32

G32 指令控制刀具在起点和终点之间走螺旋插补,可用于圆柱螺纹、圆锥螺纹和端面螺纹的加工。

指令格式:G32 X__ Z__ F__

说明如下。

(1) X、Z 值在绝对指令时,为螺纹加工轨迹终点的坐标值;在增量指令时螺纹加工轨迹终点相对于起始点的距离。

(2) F 值为螺纹导程。

注意事项如下。

(1) 在螺纹加工轨迹中应设置足够的升速进刀段和降速退刀段,以削除伺服滞后造成的螺距误差。

(2) 从螺纹粗加工到精加工,主轴的转速必须保持一致,否则螺纹的导程就将发生改变。

(3) 在没有停止主轴的情况下,停止螺纹的切削将非常危险。

(4) 在螺纹加工中不应使用恒定线速度控制功能。

【例 4-13】 编写图 4-58 所示外圆柱螺纹的加工程序。

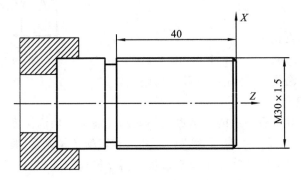

图 4-58 螺纹加工

根据工件材料和刀具材料取螺纹的切削速度为 80 m/min。计算的主轴转速为 800 r/min,切入线长度 $Z_1 = 5$,切出线长度取 2。螺纹车刀使用 T0303。用 FUNAC 系统格式和华中数控系统格式进行编程,程序如表 4-9 所示。

表 4-9 用 G32 加工螺纹实例

FUNAC 系统格式	华中数控系统格式	程 序 说 明
O0413	%0413	程序号
T0303;	T0303	换 3 号刀
G97 S800 M03;	S800 M03	主轴正转,转速为 800 r/min
G00 X29.2 Z5;	G00 X29.2 Z5	刀具快速移到工件螺纹始点
G32 Z−42 F1.5;	G32 Z−42 F1.5	第 1 次加工螺纹,螺距为 1.5
G00 X35;	G00 X35	
Z5;	Z5	

续表

FUNAC 系统格式	华中数控系统格式	程 序 说 明
X28.6；	X28.6	
G32 Z－42 F1.5；	G32 Z－42 F1.5	第 2 次加工螺纹
G00 X35；	G00 X35	
Z5；	Z5	
X28.2；	X28.2	
G32 Z－42 F1.5；	G32 Z－42 F1.5	第 3 次加工螺纹
G00 X35；	G00 X35	
Z5；	Z5	
X28.04；	X28.04	
G32 Z－42 F1.5；	G32 Z－42 F1.5	第 4 次加工螺纹
G00 X35；	G00 X35	
Z5；	Z5	
X100 Z100；	X100 Z100	回换刀点
M05；	M05	
M30；	M30	程序结束

4.4.3　螺纹加工固定循环指令

直接利用 G32 指令加工螺纹时，每加工一刀螺纹就需要 4 个程序段，程序较长，实际生产中很少使用。在生产中加工螺纹一般使用螺纹加工单一固定循环指令或螺纹加工复合固定循环指令。

1. 螺纹加工单一固定循环指令

1）FUNAC 系统螺纹加工单一固定循环指令

指令格式：G92 X＿ Z＿ R＿ F＿；

说明如下。

（1）如图 4-59 所示，刀具刀尖从循环始点 A 开始，经 A→B→C→D→A 四段直线轨迹。

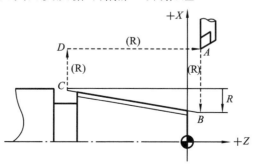

图 4-59　FUNAC 系统螺纹加工单一固定循环指令示例

其中 AB、CD、DA 段作快速进给移动，BC 段作螺纹插补运动。

（2）X、Z 值在绝对指令时为切削终点 C 的坐标值，在增量指令时为切削终点 C 相对于循环始点 A 的移动距离。

（3）R 值为切削始点 B 相对于切削终点 C 在 Z 轴的移动距离，即 $Z_B - Z_C$。当算术值为正时，R 取正值；为负时，R 取负值。当切削圆柱螺纹时，R 省略。

（4）F 值为螺纹导程。

2）华中系统螺纹加工单一固定循环指令

指令格式：G82 X＿＿Z＿＿I＿＿R＿＿E＿＿C＿＿P＿＿F＿＿

说明如下。

（1）如图 4-60 所示，刀具刀尖从循环始点 A 开始，经 $A \rightarrow B \rightarrow C \rightarrow D \rightarrow A$ 四段直线轨迹。其中 AB、DA 段作快速进给移动，BC 作螺纹切削运动。

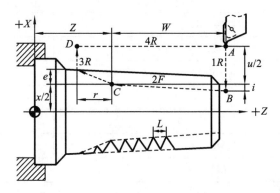

图 4-60　华中系统螺纹加工单一固定循环指令示例

（2）X、Z 值在绝对指令时为切削终点 C 的坐标值，在增量指令时为切削终点 C 相对于循环始点 A 的移动距离。

（3）I 值为圆锥螺纹起始端与圆锥螺纹终点端的半径差，即 r 始端 $- r$ 终端。当算术值为正时，I 取正值；为负时，I 取负值。当切削圆柱螺纹时，I 取 0。

（4）R、E 值为螺纹切削的退尾量，R、E 均为向量，R 为 Z 向回退量；E 为 X 向回退量，R、E 可以省略，表示不用退尾功能。

（5）C 值为螺纹头数，为 0 或 1 或省略时切削单头螺纹。

（6）P 值为切削单头螺纹时，主轴基准脉冲处距离切削起始点的主轴转角（缺省值为 0）；多头螺纹切削时，为相邻螺纹头的切削起始点之间对应的主轴转角。

（7）F 值为螺纹导程。

【例 4-14】　利用螺纹加工单一固定循环指令编写图 4-58 所示外圆柱螺纹的加工程序。用 FUNAC 系统格式和华中数控系统格式进行编程。程序如表 4-10 所示。

表 4-10　用螺纹加工单一固定循环加工螺纹实例

FUNAC 系统格式	华中数控系统格式	程 序 说 明
O0414	%0414	程序号
T0303；	T0303	换 3 号刀
G97 S800 M03；	S800 M03	主轴正转，转速为 800 r/min

FUNAC 系统格式	华中数控系统格式	程序说明
G00 X35 Z5；	G00 X35 Z5	刀具快速移到工件螺纹始点
G92 X29.2 Z-42 F1.5；	G82 X29.2 Z-42 F1.5	第 1 次加工螺纹,螺距为 1.5
X28.6；	X28.6	第 2 次加工螺纹
X28.2；	X28.2	第 3 次加工螺纹
X28.04；	X28.04	第 4 次加工螺纹
G00 X100 Z100；	G00 X100 Z100	回换刀点
M05；	M05	
M30；	M30	程序结束

2. 螺纹加工复合固定循环指令 G76

G76 指令适用于圆柱或圆锥螺纹的加工,可以实现螺纹的多次切削。走刀路线如图 4-61 所示。

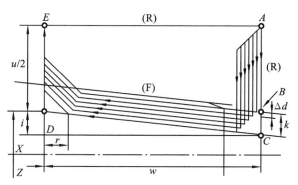

图 4-61　螺纹加工复合固定循环指令示例

1) FUNAC 系统螺纹加工复合固定循环指令

指令格式:G76 P c̲ r̲ a̲ QΔdmin Rd̲；

　　　　　G76 X(U)＿　Z(W)＿　Ri̲ Pk̲ QΔd̲ FL̲；

说明如下。

(1) c 为精整次数(1~99)。

(2) r 为螺纹退尾量(00~99)。

(3) a 为刀尖角度(二位数字),根据螺纹的类型可取 80°、60°、55°、30°、29°或 0°。

(4) Δd min 为牙深方向的最小进刀量。

(5) d 为精加工余量。

(6) X(U)＿Z(W)＿为有效螺纹终点的坐标。

(7) i 为圆锥螺纹两端的半径差,若 i＝0 或省略时为圆柱螺纹。

(8) k 为螺纹牙高。

(9) Δd 为第一次切削深度(半径值)。

(10) L 为螺纹导程(同 G32)。

2) 华中系统螺纹加工复合固定循环指令

指令格式：G76 Cc Rr Ee Aa Xx Zz Ii Kk Ud V∆d min Q∆d Pp FL

说明如下。

(1) c 的含义同 FANUC 系统。

(2) r 为螺纹 Z 向退尾长度(00～99)。

(3) e 为螺纹 X 向退尾长度(00～99)。

(4) a 的含义同 FANUC 系统。

(5) x、z 在绝对值编程时，为有效螺纹终点 C 的坐标；增量值编程时，为有效螺纹终点 C 相对于循环起点 A 的有向距离(用 G91 指令定义为增量编程，使用后用 G90 定义为绝对编程)。

(6) i 的含义同 FANUC 系统。

(7) k 的含义同 FANUC 系统。

(8) ∆d min 的含义同 FANUC 系统。

(9) d 的含义同 FANUC 系统。

(10) ∆d 的含义同 FANUC 系统。

(11) p 为主轴基准脉冲处距离切削起始点的主轴转角。

(12) L 的含义同 FANUC 系统。

【例 4-15】 利用螺纹加工复合固定循环指令编写图 4-58 所示外圆柱螺纹的加工程序。用 FUNAC 系统格式和华中数控系统格式进行编程。程序如表 4-11 所示。

表 4-11 用螺纹加工复合固定循环加工螺纹实例

FUNAC 系统格式	华中数控系统格式	程 序 说 明
O0415	%0415	程序号
T0303；	T0303	换 3 号刀
G97 S800 M03；	S800 M03	主轴正转,转速为 800 r/min
G00 X35 Z5；	G00 X35 Z5	刀具快速移到工件螺纹始点
G76 P030060 Q20 R20； G76 X28.04 Z－42 P974 Q400 F1.5；	G76 C03 R0 E0 A60 X28.04 Z－42 I0 K0.974 U0.02 V0.02 Q0.4 P0 F1.5	加工螺纹
G00 X100 Z100；	G00 X100 Z100	回换刀点
M05；	M05	
M30；	M30	程序结束

4.5 数控车床编程实例

4.5.1 典型零件数控车削编程的步骤

典型零件数控车削的步骤如下。

(1) 零件图样分析。

(2) 加工工艺性分析(含基点、结点坐标的计算及编程原点的确定)。

（3）确定工序和装夹方式。

（4）选择刀具和确定走刀路线。

（5）选择切削用量。

（6）拟定工序卡片。

（7）加工程序的编制。

4.5.2　车床综合编程实例

【例 4-16】　加工如图 4-62 所示工件,需要进行粗、精加工,其中 $\phi85$ mm 外圆不加工。毛坯为 $\phi85$ mm×340 mm 棒材,材料为 45 钢。

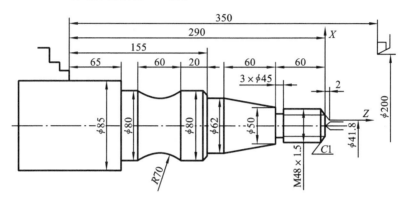

图 4-62　带中心孔轴

1. 零件图样分析

加工表面主要有外圆柱面、圆锥面、螺纹等。零件图样描述清楚,尺寸标注完整,基本符合数控加工尺寸的标注要求,比较适合采用数控车床加工。

2. 确定工序和装夹方式

1）工件原点

为了便于编程计算和加工、测量,将工件原点选在工件的右端面中心。

2）工件装夹

以 $\phi85$ mm 外圆及右中心孔为工艺基准,用三爪自定心卡盘夹持 $\phi85$ mm 外圆,用机床尾座顶尖顶住右中心孔。

3）加工工步顺序

（1）自右向左进行外轮廓面加工:倒角→切削螺纹外圆→切削锥度→车 $\phi62$ mm 外圆→倒角→车 $\phi80$ mm 外圆→车 $R70$ mm 圆弧→车 $\phi80$ mm 外圆。

（2）切槽。

（3）车螺纹。

4）选择刀具

根据要求,选用 3 把刀具,1 号刀车外圆,2 号刀切槽,3 号刀车螺纹。刀具布置图如图4-63所示,刀具具体规格如表 4-12 所示。

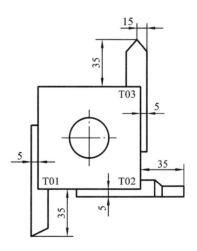

图 4-63　刀具布置图

表 4-12　数控加工刀具卡

数控加工刀具卡片	工序号	程序编号	产品名称	零件名称	材料	零件图号
序号	刀具号	刀具名称及规格	刀尖半径		加工表面	备注
1	T0101	93°外圆车刀	0.3		外圆表面、端面	硬质合金
2	T0202	外圆切槽刀($b=3$)			切槽	硬质合金
3	T0303	外圆螺纹刀	0.2		切螺纹	硬质合金

5）确定切削用量

根据被加工表面质量要求、工件材料和刀具材料，参考机械加工工艺手册，确定切削速度、进给量和背吃刀量。

6）拟定工序卡片

工序卡片如表 4-13 所示。

表 4-13　数控加工工序卡

数控加工工序卡片			产品名称	零件名称	材　料	零件图号
					45	
工序号	程序编号	夹具名称	夹具编号	使用设备		车间
工步号	工步内容		刀具号	主轴转速 线速度 m/min	进给速度 m/min	背吃 刀量/mm	备注
1	车右端面、钻中心孔						手动
2	粗车各外圆表面		T0101	120	0.15	2	X 轴余量 0.2 Z 轴余量 0.05
3	精车各外圆表面		T0101	150	0.1		自动
4	切槽		T0202	100	0.1		自动
5	车螺纹		T0303	80	1.5		自动

3. 编写加工程序

用 FUNAC 系统格式进行编程，程序如表 4-14 所示。

表 4-14　加工程序

程　　序	程序说明
O0416	程序名
N10 T0101；	1 号刀转到工作位置
G50 S3000；	限制主轴最高转速
G96 S120 M03；	主轴恒线速度设定、主轴启动
G99 F0.15；	进给速度设定为每转进给
G00 X86 Z5；	快速到达对刀点

续表

程　　序	程 序 说 明
G71 U2 R1； G71 P110 Q120 U0.2 W0.05；	完成外轮廓粗加工
N110 G00 X41.85 　　　G01 G42 Z2 S150 F0.1； 　　　　　　X47.85 Z−1； 　　　　　　Z−60； 　　　　　　X62 Z−120； 　　　　　　Z−135； 　　　　　　X78； 　　　　　　X80 W−1； 　　　　　　W−19； 　　　　　G02 W−60 R70； 　　　　　G01 Z−225； N120 G40 X86； G70 P110 Q120； G00 X100 Z100；	外轮廓精加工程序
N20 T0202； G00 X55 Z−60 S100； G01 X45 F0.1； G00 X55； 　　　X100 Z100；	切槽
N30 T0303； G97 S500； G00 X50 Z5； G92 X47.05 Z−58.5 F1.5； 　　　X46.45； 　　　X46.05； 　　　X45.89； G00 X100 Z100；	切螺纹
M05； M30；	程序结束

思考题与习题

4-1　简述数控车床的分类和用途。

4-2　数控车床常用夹具和装夹方法有哪些？

4-3 怎样正确选用数控车刀？

4-4 G96 和 G97、G98 和 G99 指令有何异同？

4-5 简述建立工件坐标系的方法。

4-6 使用 G41 和 G42 指令编程时要注意哪些问题？

4-7 G71、G72、G73 指令有何异同？

4-8 按如图 4-64 所示尺寸编写端面粗切循加工程序。

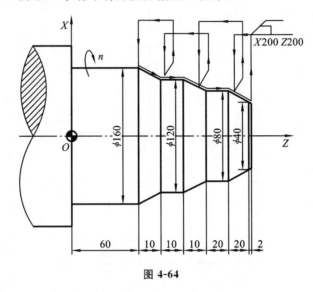

图 4-64

4-9 按图 4-65 示尺寸编写外圆粗切循环加工程序。

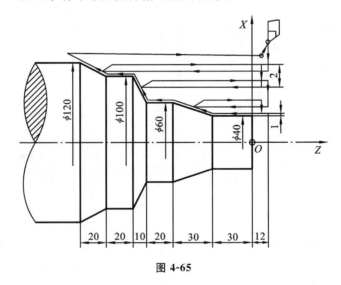

图 4-65

4-10 用外径粗加工复合循环指令编制图 4-66 所示零件的加工程序：要求循环起始点在 $A(46,3)$，切削深度为 1.5 mm(半径量)。退刀量为 1 mm，X 方向精加工余量为 0.4 mm，Z 方向精加工余量为 0.1 mm。

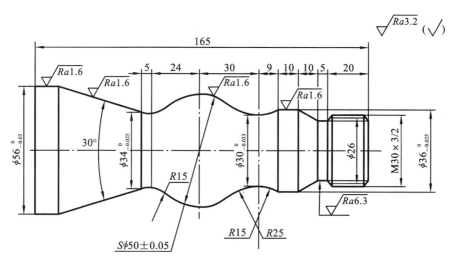

图 4-66

第5章 数控铣床加工工艺与编程

数控铣床是数控加工中最常见、最常用的数控加工设备，它可以进行平面轮廓曲线加工和空间三维曲面加工，而且换上孔加工刀具，能同样方便地进行数控钻、镗、锪、铰及攻螺纹等孔加工操作。数控铣床操作简单，维修方便，价格较加工中心要低得多，同时由于数控铣床没有刀具库，不具有自动换刀功能，所以其加工程序的编制比较简单：通常数值计算量不大的平面轮廓加工或孔加工可直接手工编程；对于空间曲线和空间曲面等数值计算量比较大的加工，可借助于 CAD/CAM 软件完成加工程序文件的自动编制。本章主要介绍数控铣床的功能、分类和基本结构等知识，并介绍 FANUC 0i Mate-MC 系统简单加工程序的手工编程方法。

5.1 数控铣削加工工艺

数控铣床是由普通铣床发展而来，是发展最早的数控机床。

5.1.1 数控铣床的组成与分类

数控铣床通常分为立式数控铣床、卧式数控铣床和复合式数控铣床。

1. 立式数控铣床

立式数控铣床的主轴垂直于工作台所在的水平面，如图 5-1 所示。立式数控铣床应用范围最广。其优点是工件装夹方便、操作简单、找正容易、便于观察切削；但受高度限制，不能加工太高的零件，在加工型腔或下凹的型面时切屑不易排出，易损坏刀具，破坏已加工表面。综上所述，数控铣床最适合加工高度相对较小的零件，如板材类、壳体类零件。立式数控铣床分为工作台升降式、主轴头升降式和龙门式三种。

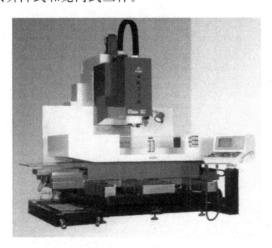

图 5-1 立式数控铣床

1）工作台升降式数控铣床

这类数控铣床的横向、纵向和垂向（X、Y、Z）的进给运动由工作台完成，主轴只作旋转的主运动。小型数控铣床一般采用这种形式。

2）主轴头升降式数控铣床

这类数控铣床的主轴既作旋转的主运动,又随主轴箱作垂直升降的进给运动,工作台完成横向、纵向的进给运动。主轴头升降式数控铣床在精度保持、承载重量、系统构成等方面具有许多优点,已成为数控铣床的主流。

3）龙门式数控铣床

这类数控铣床的主轴可在龙门架的横向与垂向溜板上运动,而龙门架则沿床身作纵向运动,如图 5-2 所示。由于需要考虑扩大行程、缩小占地面积和保证刚度等技术上的问题,大型数控立式铣床往往采用龙门式结构。

图 5-2　龙门数控铣床

2. 卧式数控铣床

卧式数控铣床的主轴平行于工作台所在的水平面,如图 5-3 所示。为扩大加工范围和扩充功能,它的工作台大多是回转式的,工件经过一次装夹后,通过回转工作台改变工位,可实现除安装面和顶面以外的四个面的加工。卧式数控铣床适合箱体类零件的加工。

与立式数控铣床相比,卧式数控铣床的结构复杂,占地面积大,价格也较高,且试切时不易观察,生产时不易监视,装夹及测量不方便;但加工时排屑容易,对加工有利。

图 5-3　卧式数控铣床

3. 复合式数控铣床

这类数控铣床的主轴方向可任意转换,能做到在一台机床上既可以进行立式加工,又可以进行卧式加工。由于这类数控铣床具备了上述两种机床的功能,其使用范围更广,功能更强。若采用数控回转工作台,还能对工件进行除定位面外的五面加工。

5.1.2 数控铣床的主要加工对象

1. 数控铣床的主要功能

各种类型数控铣床所配置的数控系统虽然各有不同,但各种数控系统的功能,除一些特殊功能不尽相同外,其主要功能基本相同。

数控铣床的主要功能包括:点位控制功能、连续轮廓控制功能、刀具半径补偿功能、刀具长度补偿功能、比例及镜像加工功能、旋转功能、子程序调用功能和宏程序功能。

2. 数控铣床的工艺装备

数控铣床的工艺装备较多,这里主要分析夹具和刀具。

(1)夹具 数控铣床主要用于加工形状复杂的零件,但所使用夹具的结构往往并不复杂,数控铣床夹具的选用可首先根据生产零件的批量来确定。

(2)刀具 数控铣床上所采用的刀具要根据被加工零件的材料、几何形状、表面质量要求、热处理状态、切削性能及加工余量等,选择刚度好、耐用度高的刀具。

3. 数控铣床的主要加工对象

1)平面类零件

平面类零件的特点是,各个加工的单元面是平面或可以展开成平面,如图 5-4 所示。数控铣床上加工绝大多数零件都属于平面类零件。

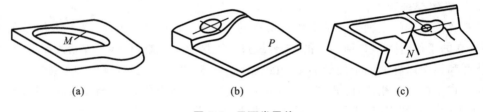

(a) (b) (c)

图 5-4 平面类零件

2)变斜角类零件

加工面与水平面的夹角呈连续变化的零件称为变斜角类零件,如图 5-5 所示,这类零件多为飞机零件。

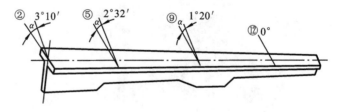

图 5-5 变斜角类零件

3)曲面类零件

加工面为空间曲面的零件称为曲面类零件,一般使用球头铣刀切削,加工面与铣刀为点接触。

5.1.3　数控铣床常用夹具

数控铣床常用夹具有通用螺栓压板、平口钳、分度头和三爪卡盘等。

1）螺栓压板

利用 T 形槽螺栓和压板将工件固定在机床工作台上即可。装夹工件时,需根据工件装夹精度要求,用百分表等找正工件。

2）机用平口钳

铣削形状比较规则的零件时常用平口钳(又称虎钳)装夹,方便灵活,适应性广。加工一般精度要求和夹紧力要求的零件时常用机械式平口钳,如图 5-6(a)所示,靠丝杆、螺母相对运动来夹紧工件。

加工精度要求较高、需要较大的夹紧力时,可采用较高精度的液压式平口钳,如图5-6(b)所示。8 个工件装在心轴 9 上,心轴固定在钳口 3 上,当压力油从油路 12 进入油缸后,推动活塞 10 移动,活塞拉动活动钳口向右移动夹紧工件。当油路 12 在换向阀作用下回油时,活塞和活动钳口在弹簧作用下左移松开工件。

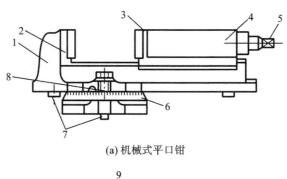

(a) 机械式平口钳

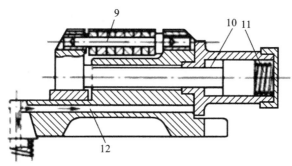

(b) 液压式平口钳

图 5-6　机用平口钳

1—钳体;2—固定钳口;3—活动钳口;4—活动钳身;5—丝杆方头;6—底座;7—定位键;
8—钳体零线;9—心轴;10—活塞;11—弹簧;12—油路

平口钳在数控铣床工作台上的安装,要根据加工精度要求来控制钳口与 X 或 Y 轴的平行度,零件夹紧时要注意控制工件变形和一端钳口上翘。

3）铣床用卡盘

当需要在数控铣床上加工回转体零件时,可以采用三爪卡盘装夹,对于非回转零件可采用四爪卡盘装夹,如图 5-7 所示。

铣床用卡盘的使用方法与车床卡盘相似,使用 T 形槽螺栓将卡盘固定在机床工作台上

图 5-7　铣床用卡盘

即可。

4) 专用铣削夹具

这是特别为某一项或类似的几项工件设计制造的夹具,一般用在产量较大或研制需要时采用。其结构固定,仅使用于一个具体零件的具体加工工序中,这类夹具设计应力求简化,使制造时间尽量缩短。如图 5-8 所示,铣削某一零件上表面时无法采用常规夹具,这时要使用由 V 形槽和压板结合的一个专用夹具。

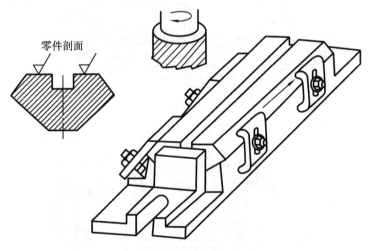

零件剖面

图 5-8　专用铣削夹具

5) 多工位夹具

多工位夹具如图 5-9 所示,可以同时装夹多个工件,可减少换刀次数,以便于一面加工、一面装卸工件,有利于缩短辅助加工时间,提高生产率,较适合中小批量生产。

6) 气动或液压夹具

适合生产批量较大,采用其他夹具又特别费工、费力的场合,能减轻工人劳动强度和提高生产率,但此类夹具结构较复杂,造价往往很高,而且制造周期较长。

7) 回转工作台

为了扩大数控机床的工艺范围,数控机床除了沿 X、Y、Z 三个坐标轴作直线进给外,往往还需要有绕 Y 轴或 Z 轴的圆周进给运动。数控机床的圆周进给运动一般由回转工作台来实现,对于加工中心,回转工作台已成为一个不可缺少的部件。

数控机床中常用的回转工作台有分度工作台和数控回转工作台两种。

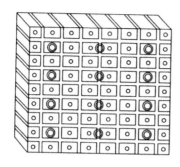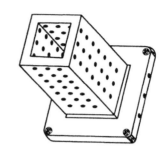

图 5-9　多工位夹具

（1）分度工作台　分度工作台只能完成分度运动，不能实现圆周进给；分度时可以采用手动分度或电动分度。分度工作台一般只能回转规定的角度（如 90°、60°和 45°等）。

（2）数控回转工作台　其主要作用是根据数控装置发出的指令脉冲信号，完成圆周进给运动，进行各种圆弧加工或曲面加工，它也可以进行分度工作。

数控回转工作台可以使数控铣床增加一个或两个回转坐标，通过数控系统实现四坐标或五坐标联动，可有效地扩大工艺范围，加工更为复杂的工件。

数控卧式铣床一般采用方形回转工作台，实现 A、B 或 C 坐标运动，但圆形回转工作台占据的机床运动空间也较大，如图 5-10 所示。

图 5-10　圆形数控回转工作台

5.1.4　数控铣削加工工艺路线确定

1. 走刀路线的确定

走刀路线的安排是工艺分析中一项重要的工作，它是编程的基础。确定走刀路线时，应考虑加工表面的质量、精度、效率及机床等情况。与数控车床比较，数控铣床加工刀具轨迹为空间三维坐标，一般刀具首先在工件轮廓外下降到某一位置，再开始切削加工。针对不同加工的特点，应着重考虑以下几个方面的问题。

1）顺铣和逆铣的选择

铣削有顺铣和逆铣两种方式，如图 5-11 所示。

当工件表面无硬皮，机床进给机构无间隙时，应选用顺铣，按照顺铣安排进给路线。因为采用顺铣加工后，零件已加工表面质量好，刀齿磨损小。精铣时，应尽量采用顺铣。

当工件表面有硬皮，机床的进给机构有间隙时，应选用逆铣，按照逆铣安排进给路线。因为逆铣时，刀齿是从已加工表面切入，不会崩刀；机床进给机构的间隙不会引起振动和爬行。

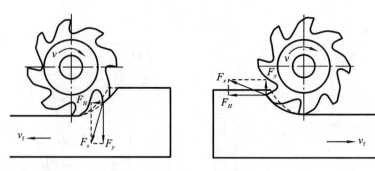

图 5-11　顺铣和逆铣加工方式

2）铣削外轮廓的进给路线

（1）铣削平面零件外轮廓　一般采用立铣刀侧刃切削。刀具切入工件时应沿切削起始点的延伸线逐渐切入工件，保证零件曲线的平滑过渡。在切离工件时，也要沿着切削终点延伸线逐渐切离工件，如图 5-12 所示。

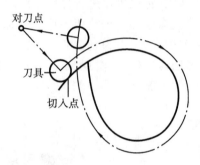

图 5-12　外轮廓加工刀具的切入和切出

（2）圆弧插补方式铣削外整圆，要安排刀具从切向进入圆周铣削加工，当整圆加工完毕后，不要在切点处直接退刀，而应让刀具沿切线方向多运动一段距离，以免取消刀补时，刀具与工件表面相碰，造成工件报废，如图 5-13 所示。

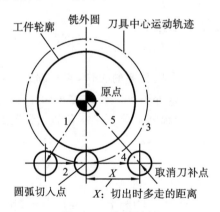

图 5-13　外圆铣削

3）铣削内轮廓的进给路线

（1）铣削封闭的内轮廓表面　若内轮廓曲线不允许外延，如图 5-14（a）所示，刀具只能沿内轮廓曲线的法向切入、切出，此时刀具的切入、切出点应尽量选在内轮廓曲线两几何元素的交点处。当内部几何元素相切无交点时,如图 5-14(b)所示,为防止刀补取消时在轮廓拐角处留下凹口,刀具切入、切出点应远离拐角。

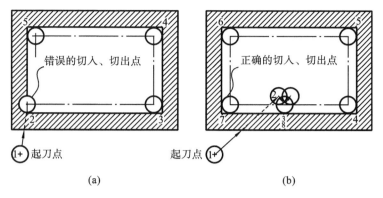

图 5-14　内轮廓加工刀具的切入和切出

（2）当用圆弧插补铣削内圆弧时,也要遵循从切向切入、切出的原则,最好安排从圆弧过渡到圆弧的加工路线,提高内孔表面的加工精度和质量,如图 5-15 所示。

4）铣削内槽的进给路线

内槽是指以封闭曲线为边界的平底凹槽。一律用平底立铣刀加工,刀具圆角半径应符合内槽的图样要求。图 5-16 所示为加工内槽的三种进给路线。图 5-16(a)和图 5-16(b)所示分别为用行切法和环切法加工内槽。两种进给路线的共同点是都能切净内腔中的全部面积,不留死角,不伤轮廓,同时尽量减少重复进给的搭接量。不同点是:行切法的进给路线比环切法短,但行切

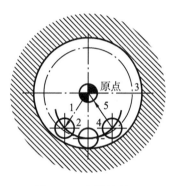

图 5-15　内圆铣削

法将在每两次进给的起点与终点间留下残留面积,而达不到所要求的表面粗糙度;用环切法获得的表面粗糙度要好于行切法,但环切法需要逐次向外扩展轮廓线,刀位点计算稍微复杂一些。采用图 5-16(c)所示的进给路线,即先用行切法切去中间部分余量,最后用环切法环切一刀光整轮廓表面,既能使总的进给路线较短,又能获得较好的表面粗糙度。

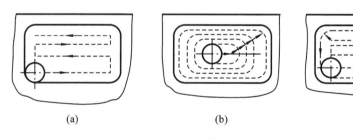

图 5-16　凹槽加工进给路线

5）铣削曲面轮廓的进给路线

铣削曲面时,常用球头刀采用行切法进行加工。所谓行切法是指刀具与零件轮廓的切点轨迹是一行一行的,而行间的距离是按零件加工精度的要求确定的。

对于边界敞开的曲面加工,可采用两种加工路线,如图 5-17 所示。当采用图 5-17(a)所示的加工方案时,每次沿直线加工,刀位点计算简单,程序少,加工过程符合直纹面的形成要求,

可以准确保证母线的直线度。当采用图 5-17(b)所示的加工方案时,符合这类零件数据给出情况,便于加工后检验,曲面的准确度较高,但程序较多。由于曲面零件的边界是敞开的,没有其他表面限制,所以曲面边界可以延伸,球头刀应由边界外开始加工。

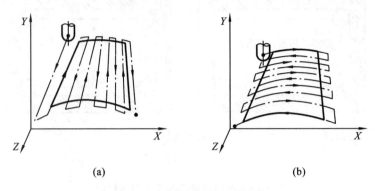

(a)　　　　　　　　　　　　　　(b)

图 5-17　曲面加工的进给路线

6) 孔加工走刀路线

对于位置度要求较高的孔加工,精加工时一定要注意各孔的定位方向要一致,即采用单向趋近定位点的方法,以避免传动系统反向间隙误差或测量系统的误差对定位精度的影响。如图 5-18(a)所示的孔系加工路线,在加工孔 D 时,X 轴的反向间隙将会影响 C、D 两孔的孔距精度。如改为图 5-18(b)所示的孔系加工路线,可使各孔的定位方向一致,提高孔距精度。

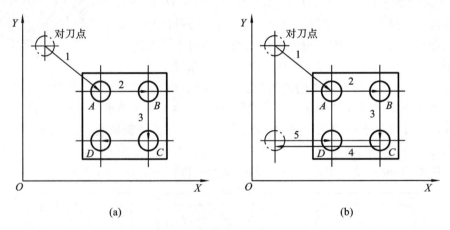

(a)　　　　　　　　　　　　　　(b)

图 5-18　孔系加工方案比较

2. 切削用量的选择

1) 面、轮廓加工切削用量的选择

如图 5-19 所示,数控铣床的切削用量包括切削速度、进给速度、背吃刀量和侧吃刀量。从刀具耐用度出发,切削用量的选择方法是:先选取背吃刀量或侧吃刀量,其次确定进给速度,最后确定切削速度。

(1) 端铣背吃刀量(或周铣侧吃刀量)的选择　背吃刀量(a_p)为平行于铣刀轴线方向测量的切削层尺寸。端铣时,背吃刀量为切削层的深度,而圆周铣削时,背吃刀量为被加工表面的宽度。

侧吃刀量(a_e)为垂直于铣刀轴线方向测量的切削层尺寸。端铣时,侧吃刀量为被加工表面的宽度,而圆周铣削时,侧吃刀量为切削层的深度。

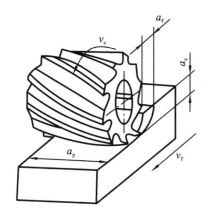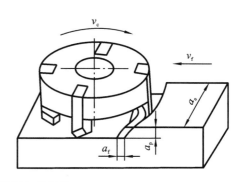

图 5-19　铣削切削用量

背吃刀量或侧吃刀量的选取,主要由加工余量和对表面质量的要求决定。

① 当工件表面粗糙度为 $Ra\ 12.5\sim25\ \mu m$ 时,如果圆周铣削的加工余量小于 5 mm,端铣的加工余量小于 6 mm,粗铣时一次进给就可以达到要求。但在余量较大,工艺系统刚度较差或机床动力不足时,可分两次进给完成。

② 当工件表面粗糙度为 $Ra\ 3.2\sim12.5\ \mu m$ 时,可分粗铣和半精铣两步进行。粗铣时背吃刀量或侧吃刀量选取同①。粗铣后留 $0.5\sim1$ mm 余量,在半精铣时切除。

③ 当工件表面粗糙度为 $Ra\ 0.8\sim3.2\ \mu m$ 时,可分粗铣、半精铣、精铣三步进行。半精铣时背吃刀量或侧吃刀量取 $1.5\sim2$ mm;精铣时,圆周铣侧吃刀量取 $0.3\sim0.5$ mm,端铣背吃刀量取 $0.5\sim1$ mm。

(2) 进给速度的选择　进给速度(v_f)是单位时间内工件与铣刀沿进给方向的相对位移,它与铣刀转速(n)、铣刀齿数(z)及每齿进给量(f_z)的关系为

$$v_f = f_z z n$$

每齿进给量 f_z 的选取主要取决于工件材料的力学性能、刀具材料、工件表面粗糙度等因素。工件材料的强度和硬度越高,每齿进给量越小,反之则越大。硬质合金铣刀的每齿进给量高于同类高速钢铣刀。工件表面粗糙度 Ra 值越小,每齿进给量就越小,工件刚度差或刀具强度低时,应取小值。

(3) 切削速度　铣削的切削速度与刀具耐用度 T、每齿进给量 f_z、背吃刀量 a_p、侧吃刀量 a_e、铣刀齿数 z 成反比,而与铣刀直径成正比。其原因是当 f_z、a_p、a_e 和 z 增大时,刀刃负荷增加,工作齿数也增多,使切削热增加、刀具磨损加快,从而限制了切削速度的提高。同时,刀具耐用度的提高使允许使用的切削速度降低。但加大铣刀直径 d 则可改善散热条件,因而提高切削速度。铣削的切削速度可参考相关的切削手册。

2) 孔加工切削用量的选择

孔加工为定尺寸加工,切削用量的选择应在机床允许的范围之内选择,查阅手册并结合经验确定。主要注意以下几点。

(1) 孔加工时的主轴转速 n(r/min),根据选定的切削速度 v_c(m/min)和加工直径或刀具直径计算。

(2) 孔加工工作进给速度 f,根据选择的进给量和主轴转速按式(5-1)计算进给速度。

$$f = v_c n \qquad\qquad (5\text{-}1)$$

（3）攻螺纹时进给量的选择取决于螺纹的导程，由于使用了带有浮动功能的攻螺纹夹头，攻螺纹时工作进给速度 v_f（mm/min）可略小于理论计算值，即：$v_f \leqslant Pn$（P 为导程）。

3）其他注意事项

在确定工作进给速度时，要注意一些特殊情况。例如，在高速进给的轮廓加工中，由于工艺系统的惯性在拐角处易产生超程和过切现象，如图 5-20 所示。因此，在拐角处应选择变化的进给速度，接近拐角时减速，过了拐角后加速。

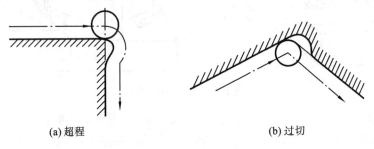

(a) 超程　　　　　　　　　　　　　　(b) 过切

图 5-20　拐角处的超程和过切现象

5.1.5　数控铣刀和孔加工刀具

1. 面加工、轮廓加工刀具

1）面铣刀

面铣刀的圆周表面和端面上都有切削刃，端部切削刃为副切削刃，常用于端铣较大的平面。面铣刀多制成套式镶齿结构，如图 5-21 所示，刀齿为高速钢或硬质合金，一般刀体材料为40Cr。硬质合金面铣刀按刀片和刀齿的安装方式不同，可分为整体式、机夹-焊接式和可转位式三种。

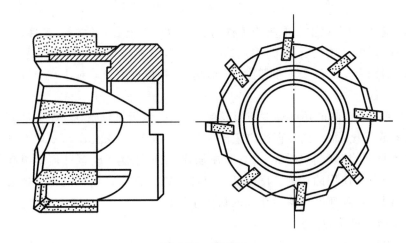

图 5-21　面铣刀

2）立铣刀

立铣刀是数控铣削中最常用的一种铣刀，其结构如图 5-22 所示。立铣刀的圆柱表面和端面上都有切削刃，圆柱表面的切削刃为主切削刃，端面上的切削刃为副切削刃。主切削刃一般为螺旋齿，这样可以增加切削平稳性，提高加工精度。由于普通立铣刀端面中心处无切削刃，

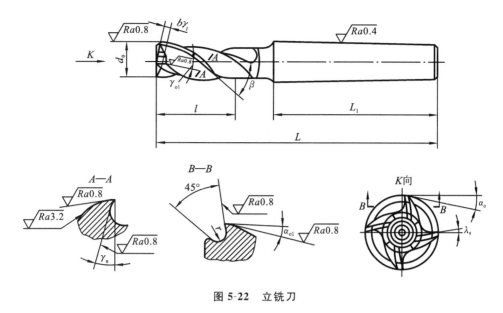

图 5-22 立铣刀

所以立铣刀不能作轴向进给,端面刃主要用来加工与侧面相垂直的底平面。

3)模具铣刀

模具铣刀由立铣刀发展而成,适用于加工空间曲面零件,有时也用于平面类零件上有较大转接凹圆弧的过渡加工。模具铣刀可分为圆锥形立铣刀(圆锥半角 $\frac{\alpha}{2}=3°、5°、7°、10°$)、圆柱形球头立铣刀和圆锥形球头立铣刀三种,其柄部有直柄、削平型直柄和莫氏锥柄。如图 5-23 所示。

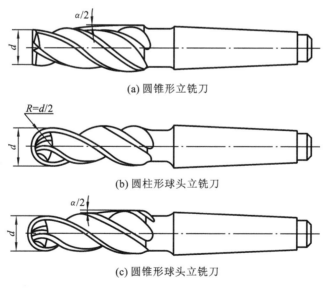

(a)圆锥形立铣刀

(b)圆柱形球头立铣刀

(c)圆锥形球头立铣刀

图 5-23 高速钢模具铣刀

4)键槽铣刀

键槽铣刀有两个刀齿,圆柱面和端面都有切削刃,端面刃延至中心,既像立铣刀,又像钻头,如图 5-24 所示。加工时先轴向进给达到槽深,然后沿键槽方向铣出键槽全长。

5）鼓形铣刀

鼓形铣刀主要用于对变斜角类零件的变斜角面的近似加工。它的切削刃分布在半径为 R 的圆弧面上，端面无切削刃，如图 5-25 所示，R 越小，加工的斜角范围越大，这种刀具刃磨困难，切削条件差，不适于加工有底的轮廓表面。

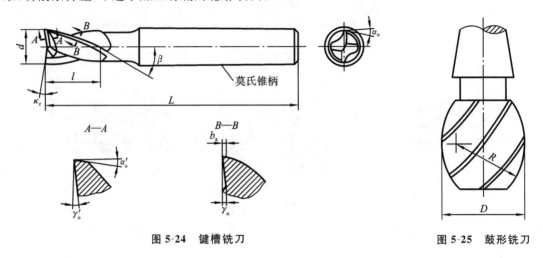

图 5-24　键槽铣刀　　　　　　　　　　图 5-25　鼓形铣刀

6）成形铣刀

如图 5-26 所示是几种成形铣刀，成形铣刀是为特定的加工内容专门设计制造的，如角度面、凹槽、特形孔等。

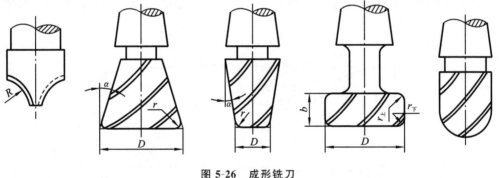

图 5-26　成形铣刀

2. 孔加工刀具

1）麻花钻

在数控铣床、加工中心上钻孔，大多是采用普通麻花钻，如图 5-27 所示。根据材料的不同，麻花钻有高速钢麻花钻和硬质合金麻花钻两种；根据柄部不同，麻花钻有莫氏锥柄和圆柱柄两种。

麻花钻的切削部分有两个主切削刃、两个副切削刃和一个横刃。两个螺旋槽是切屑流经的表面，为前刀面；与工件过渡表面（即孔底）相对的端部两曲面为主后刀面；与工件已加工表面（即孔壁）相对的两条刃带为副后刀面。前刀面与主后刀面的交线为主切削刃，前刀面与副后刀面的交线为副切削刃，两个主后刀面的交线为横刃。

横刃与主切削刀在端面上投影之间的夹角称为横刃斜角，横刃斜角 $\psi = 50° \sim 55°$；主切削刃上各点的前角、后角是变化的，外缘处前角约为 $30°$，钻心处前角接近 $0°$，甚至是负值；两条主切削刃在与其平行的平面内的投影之间的夹角为顶角,标准麻花钻的顶角 $2\varphi=118°$。

在数控铣床、加工中心上钻孔,因无夹具钻模导向,受两切削刃上切削力不对称的影响,容易引起钻孔偏斜,故钻孔前一般先用中心钻打定位孔。

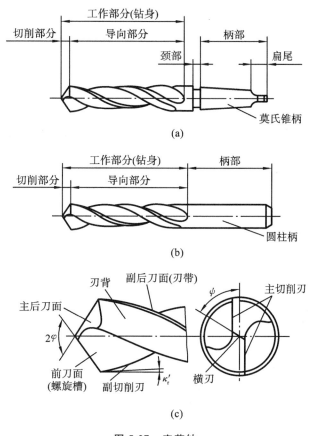

图 5-27　麻花钻

2) 扩孔刀具

标准扩孔钻一般有三至四个主切削刃,如图 5-28 所示,切削部分的材料为高速钢或硬质合金,结构形式有直柄式、锥柄式和套式等。扩孔直径较小时,可选用直柄式扩孔钻;扩孔直径中等时,可选用锥柄式扩孔钻;扩孔直径较大时,可选用套式扩孔钻。扩孔钻的加工余量较小,容屑槽浅、刀体的强度和刚度较高。它无麻花钻的横刃,加之刀齿多,所以导向性高,切削平稳,加工质量和生产率都比麻花钻的高。

3) 镗孔刀具

镗孔所用刀具为镗刀。镗刀种类很多,按切削刃数量可分为单刃镗刀和双刃镗刀。

单刃镗刀(见图 5-29)刚度差,切削时易引起振动,所以镗刀的主偏角选得较大,以减小径向力。镗孔径的大小要靠调整刀具的悬伸长度来保证,调整麻烦,效率低,只能用于单件小批生产。但单刃镗刀结构简单,适应性较广,粗、精加工都适用。

在孔的精镗中,多选用微调镗刀,如图 5-30 所示。这种横刀的径向尺寸可以在一定范围内进行微调,调节方便,且精度高。

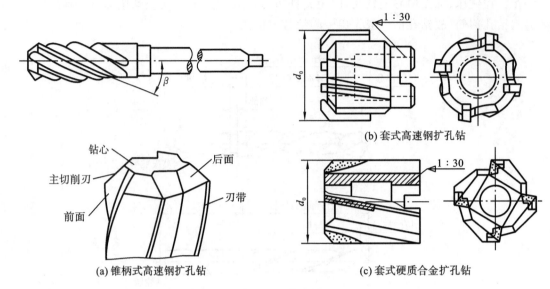

(b) 套式高速钢扩孔钻

(a) 锥柄式高速钢扩孔钻

(c) 套式硬质合金扩孔钻

图 5-28　扩孔钻

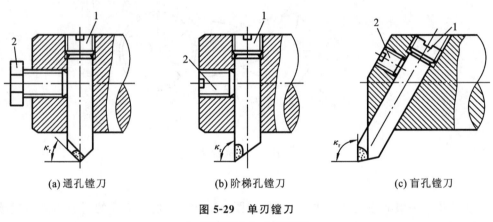

(a) 通孔镗刀　　　　　　(b) 阶梯孔镗刀　　　　　　(c) 盲孔镗刀

图 5-29　单刃镗刀

1—调节螺钉;2—紧固螺钉

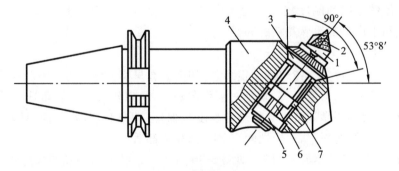

图 5-30　微调镗刀

1—刀体;2—刀片;3—调节螺母;4—刀杆;5—螺母;6—拉紧螺钉;7—导向键

镗削大直径的孔可选用双刃镗刀,如图 5-31 所示。

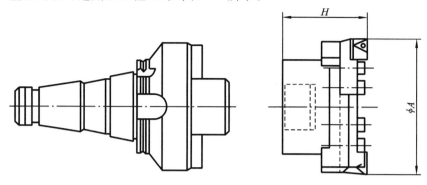

图 5-31　大直径双刃镗刀

4）铰刀

如图 5-32 所示,加工中心上使用的铰刀多是通用标准铰刀,可以加工精度为 IT7～IT10 级、表面粗糙度为 $Ra\ 0.8\sim 1.6\ \mu m$ 的孔。通用标准铰刀有直柄、锥柄和套式三种。锥柄铰刀直径为 $10\sim 32\ mm$,直柄铰刀直径为 $6\sim 20\ mm$,小孔直柄铰刀直径为 $1\sim 6\ mm$,套式铰刀直径为 $25\sim 80\ mm$。铰刀工作部分包括切削部分与校准部分。切削部分为锥形,担负主要切削工作。切削部分的主偏角为 $5°\sim 15°$,前角一般为 0,后角一般为 $5°\sim 8°$。校准部分的作用是校正孔径、修光孔壁和导向。为此,这部分带有很窄的刃带($\gamma_o=0,\alpha_o=0$)。校准部分包括圆柱部分和倒锥部分。圆柱部分保证铰刀直径和便于测量,倒锥部分可减少铰刀与孔壁的摩擦和减小孔径扩大量。

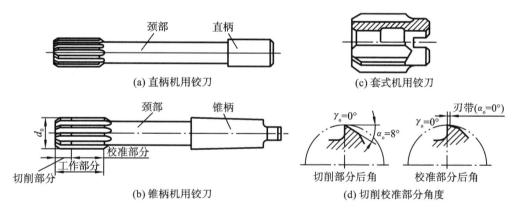

图 5-32　机用铰刀

标准铰刀有 4～12 齿。铰刀的齿数除与铰刀直径有关外,主要根据加工精度的要求选择。齿数过多,刀具的制造重磨都比较麻烦,而且会因齿间容屑槽减小,而造成切屑堵塞和划伤孔壁以致使铰刀折断的后果。齿数过少,则铰削时的稳定性差,刀齿的切削负荷增大,且容易产生几何形状误差。

除通用标准铰刀之外,加工中心还用机夹硬质合金刀片单刃铰刀、浮动铰刀等。加工 IT 5～IT 7 级、表面粗糙度为 $Ra\ 0.7\ \mu m$ 的孔时,可采用机夹硬质合金刀片的单刃铰刀,如图 5-33 所示。机夹单刃铰刀应有很高的刃磨质量。因为精密铰削时,半径上的铰削余量是在 $10\ \mu m$ 以下,所以刀片的切削刃口要磨得异常锋利。

加工精度为 IT 6～IT 7 级,表面粗糙度为 $Ra\ 0.8\sim 1.6\ \mu m$ 的大直径通孔时,可选用专为加工中心设计的浮动铰刀,如图 5-34 所示。

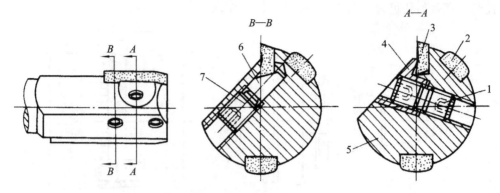

图 5-33　硬质合金单刃铰刀

1,7—螺钉；2—导向块；3—刀片；4—模套；5—刀体；6—铺子

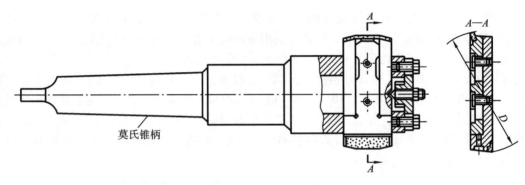

图 5-34　浮动铰刀

3. 镗铣类工具系统

由于数控铣床、加工中心加工内容的多样性,使其配备的刀具和装夹工具种类也很多,并且要求刀具更换迅速。因此,刀辅具的标准化和系列化十分重要。把通用性较强的刀具和配套装夹工具系列化、标准化就成为通常所说的工具系统。采用工具系统进行刀具的装夹,虽然工具成本高了些,但它可靠地保证了加工质量,最大限度地提高生产率,使加工中心效能得到充分发挥,从而可以使工艺成本下降。

我国目前建立的工具系统常用的是镗铣类工具系统,如图 5-35 所示,这种工具系统一般由与机床主轴连接的锥柄、延伸部分的接杆和工作部分的刀具组成。它们经组合后可完成钻孔、扩孔、铰孔、镗孔、攻螺纹等加工工艺。镗铣类工具系统分为整体式结构和模块式结构两大类。

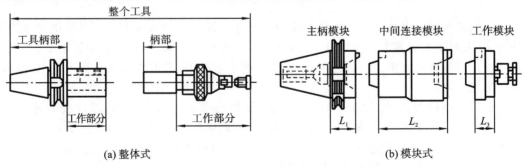

图 5-35　数控镗铣类刀具

1) 整体式结构

TSG82 工具系统就属于整体式结构的工具系统。它的特点是将锥柄和接杆连成一体,不同品种和规格的工作部分都必须带有与机床主轴相连的柄部。其优点是结构简单、使用方便可靠、更换迅速等。缺点是锥柄的品种规格和数量较多。图 5-36 所示为 TSG82 整体式工具系统,选用时需要按图进行配置,其代号含义及尺寸可查阅相应标准。

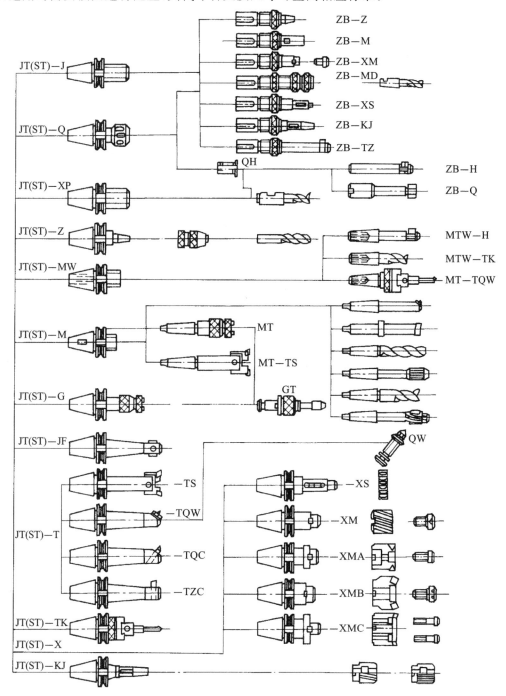

图 5-36　TSG82 整体工具系统

2）模块式结构

模块式结构是把工具的柄部和工作部分分开,制成系统化的主柄模块、中间模块和工作模块,每类模块中又分为若干小类和规格,然后用不同规格的模块组装成不同用途的模块式刀具。

目前,模块式工具系统已成为数控加工刀具发展的方向。国际上有许多应用比较成熟和广泛的模块化工具系统。例如,山特维克公司具有较完善的模块式工具系统,在国内许多企业得到较好的应用。国内的 TMG10 工具系统和 TMG21 工具系统就属于这一类。图 5-37 所示为 TMG 工具系统的示意图。

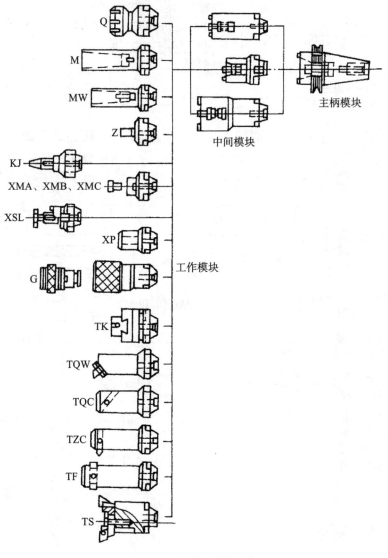

图 5-37　TMG 工具系统

5.2　数控铣床(加工中心)基本编程指令

数控铣床(加工中心)的编程指令随控制系统的不同而不同,但一些常用的指令,如某些准备功能、辅助功能,还是符合 ISO 标准的。本节通过对一些基本编程指令的介绍,使读者不但了解这些指令的规定、用法,而且对利用这些指令进行实际编程有所认识。本章以配置 FANUC 0i Mate-MC 系统为例,介绍数控铣床的常用编程指令和编程方法。

5.2.1　M、F、S、T 功能

1. 辅助功能 M 指令

1) 程序暂停指令 M00

程序暂停指令 M00 可使主轴停转、冷却液关闭、刀具进给停止而进入程序停止状态。如果操作者要继续执行下面的程序,就必须按控制面板上的"循环启动"按钮。该指令常用于粗加工与精加工之间精度检测时的暂停。

2) 计划停止指令 M01

计划停止指令 M01 功能与 M00 相同,但在程序执行前须按下"任选停止"或"计划停止"按钮,否则 M01 功能不起作用,程序将继续执行下去。M01 指令常用于检查工件的某些关键尺寸。

3) 程序结束指令 M02

程序结束指令 M02 能使主轴停转、冷却液关闭、刀具进给停止,并将控制部分复位到初始状态。可见,M02 比 M00 的功能多了一项"复位",它编在程序的最后一条程序段中,用以表示程序的结束。

4) 纸带结束指令 M30

纸带结束指令 M30 能使主轴停转、冷却液关闭、刀具进给停止、将控制部分复位到初始状态并倒带。它比 M02 多了一个"倒带"功能,也是程序结束的标志。编程时要注意的是 M02 与 M30 不能出现在同一程序中。

5) 主轴正转指令 M03、反转指令 M04、停转指令 M05

M03 用于主轴顺时针方向旋转(简称正转),M04 用于主轴逆时针方向旋转(简称反转),主轴停转用 M05。

6) 切削液开指令 M08、关指令 M09

切削液开用 M08,切削液关 M09。

2. 主轴运动指令

数控铣床(加工中心)的主轴一般采用恒转速控制方式。

指令格式:S＿；

单位:r/min。

例如 S1500 表示指定主轴的转速为 1 500 r/min。

3. 进给速度指令

数控铣床(加工中心)的进给速度采用每分钟进给方式。

指令格式:F＿；

单位:mm/min。

例如 F150 表示指定进给速度为 150 mm/min。

4. 刀具功能指令

刀具指令用于加工中心的选刀和换刀。

指令格式:T ___;(用于选刀)

　　　　　M06;(用于换刀)

例如 T05 M06 表示将刀库中的 5 号刀具装刀主轴上。

5.2.2　常用 G 指令

1. 尺寸单位的设定

工程图样中的尺寸标注有英制和米制两种形式,所以数控编程时坐标尺寸的单位也有两种,究竟使用哪一种单位由 G20 或 G21 指定。G20 和 G21 是同一组的模态指令。

1) 指令格式

G20 指令指定英制单位,最小设定单位 0.0001 in;

G21 指令指定米制单位,最小设定单位 0.0001 mm。

2) 说明

(1) G20、G21 必须在设定工件坐标系之前指定。

(2) 电源接通时,英制、米制转换的 G 指令与切断电源前相同。

(3) 程序执行过程中不要变更 G20、G21。

(4) 在有些系统中,英制、米制转换采用 G71/G70 指令,如 SIMENS、FAGOR 系统。

2. 坐标计算单位的设定

数控机床中,相对于控制系统发出的每个脉冲信号,机床移动部件的位移量称为脉冲当量。坐标计算的最小单位是一个脉冲当量,它标志着数控机床的精度。如果机床的脉冲当量为 0.001 mm/脉冲,则沿 X、Y、Z 轴移动的最小单位为 0.001 mm。如向 X 正方向移动 50 mm,则可写成 X50000,"+"号可以省略。此外也可用小数点方式输入,上例也可写为 X50.0。

例如,若脉冲当量为 0.001,向 X 轴正方向 12.34 mm、Y 轴负方向 5.6 mm 移动时,下列三种坐标输入方式都是正确的。

① X12340 Y−5600;② X12.34 Y−5.6;③ X12.34 Y−5600。

当输入最小设定单位以下位数坐标时,则进行四舍五入。如 X1.2345,就变为 X1.235。另外,最大指令位数不能超过 8 位数(包括小数点在内)。

注意:数控机床控制系统的脉冲当量一般有 0.01 mm/脉冲、0.005 mm/脉冲、0.001 mm/脉冲等几种类型。为防止输入错误,提倡用带小数点的坐标输入方式。这样可以不必考虑机床控制系统的脉冲当量是多少。

3. 暂停指令 G04

G04 指令可使刀具作短暂无进给加工,用于加工环形槽和盲孔。

指令格式:G04 X ___;　或　G04 P ___;

用 X 地址时,单位为 s,可以用小数点;用 P 地址时,单位为 ms,不能用小数点。例如暂停 1 s 可以写成 G04 P1000 或 G04 X1.0。

4．G27、G28、G29 指令

1）回参考点校验指令 G27

指令格式：G27 X ___ Y ___ Z ___；

该指令用于定位校验，其坐标值为参考点在工件坐标系中的坐标值。执行此指令，刀具快速移动，自动减速并在指定坐标值处作定位校验，当指令坐标轴确实定位在参考点时，该坐标轴参考点信号灯亮。若程序中有刀具偏置或补偿时，应先取消偏置或补偿后再作参考点校验。

2）自动返回参考点指令 G28

指令格式：G28 X ___ Y ___ Z ___；

其功能是使刀具经过给定的中间点快速移动到参考点。与 G27 指令不同的是其坐标值仅是刀具回参考点路径上的一个中间点，如图 5-38 所示。执行此指令时，原则上应取消刀具长度补偿或半径偏置。

3）从参考点返回加工点指令 G29

指令格式：G29 X ___ Y ___ Z ___；

使刀具从参考点返回到指定的坐标处。返回时要经过 G28 指令所指定的中间点。执行 G29 指令之前必须先执行 G28 指令。

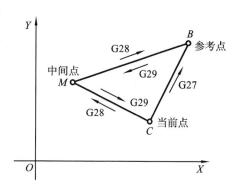

图 5-38   G27、G28、G29 指令

5．工件坐标系的设定指令

工件坐标系可用下述两种方法设定。

1）建立坐标系指令 G92

G92 指令是基于刀具的当前位置来设置工件坐标系的。

指令格式：G92 X ___ Y ___ Z ___；

指令中 X、Y、Z 为刀具当前刀位点在新建工件坐标系中的绝对坐标值。

2）零点偏置（G54～G59 指令）

零点偏置是指使用预置的工件坐标系，这种预置的工件坐标系是基于机床原点来设置的。用 G54、G55、G56、G57、G58、G59 指令指定要使用的工件坐标系。G54～G59 六个指令所指定的工件坐标系为同组的模态指令，可相互注销，其中 G54 为缺省值。

3）说明

（1）G92 指令是非模态指令，只能在绝对坐标（G90）状态下有效。

（2）G92 指令要单独使用一个程序段。

（3）零点偏置方法是基于机床原点，通过工件原点偏置存储页面中设置参数的方式来设定工件坐标系的。因此一旦设定，工件原点在机床坐标系中的位置是不变的，它与刀具当前位置无关。在自动加工中即使断电，其所建立的工件坐标系也不会丢失。

5.2.3 快速定位、直线插补指令

1. 快速定位指令 G00

指令格式:G00 X __ Y __ Z __;

执行该指令时,刀具以自身设定的最大移动速度移向指定位置。该指令仅在刀具非加工状态要快速移动时使用,其功能只是快速定位,其运动轨迹因具体的数控系统不同而异,一般以直线方式移动到指定位置,也有沿折线一个轴一个轴依次移动到位的,且进给速度对 G00 指令无效。

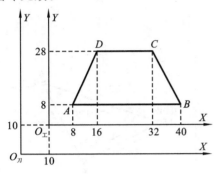

图 5-39 直线加工

2. 直线插补指令 G01

指令格式:G01 X __ Y __ Z __ F __;

执行该指令时,刀具进行直线加工,从当前点按直线轨迹移动到目标点,进给速度由 F __ 指定。

【例 5-1】 编制加工如图 5-39 所示的轮廓加工程序,工件的厚度为 5 mm。设起刀具点相对工件坐标系原点的坐标为(−10,−10,300)。使用 G92 指令建立工件坐标系,按 A→B→C→D→A 走刀路线编程,程序如表 5-1 所示。

表 5-1 直线加工程序

程　　序	程 序 说 明
O0501	程序名
N01 G92 X−10 Y−10 Z300;	设定起刀点的位置
N02 G90 G00 X8 Y8 Z2;	快速移动至点 A 的上方
N03 S1000 M03;	启动主轴
N04 G01 Z−6 F50;	下刀至切削深度
N05 X40;	铣 AB 段
N06 X32 Y28;	铣 BC 段
N07 X16;	铣 CD 段
N08 X8 Y8;	铣 DA 段
N09 G00 Z20 M05;	抬刀且主轴停
N010 X−10 Y−10 Z300;	返回起刀点
N011 M30;	程序结束

5.2.4 圆弧插补指令(G02、G03)

1. 指令格式

1) 在 XY 平面上的圆弧插补指令

G17 G02(G03)G90(G91)X __ Y __ I __ J __ F __;

或 G17 G02(G03)G90(G91)X __ Y __ R __ F __;

2）在 *XZ* 平面上的圆弧插补指令

G18 G02(G03)G90(G91)X ＿ Z ＿ I ＿ K ＿ F ＿ ；

或 G18 G02(G03)G90(G91)X ＿ Z ＿ R ＿ F ＿ ；

3）在 YZ 平面上的圆弧插补指令

G19 G02(G03)G90(G91)Y ＿ Z ＿ J ＿ K ＿ F ＿ ；

或 G19 G02(G03)G90(G91)Y ＿ Z ＿ R ＿ F ＿ ；

以上指令中：G17 指令表示 XY 平面，G18 指令表示 XZ 平面，G19 指令表示 YZ 平面；G02、G03 分别表示顺时针圆弧插补、逆时针圆弧插补（顺、逆圆弧的判断参考本教材图 4-32）；X ＿ Y ＿ Z ＿ 表示圆弧终点位置，在 G90 方式下为圆弧终点在工件坐标系中的实际坐标值，在 G91 方式下为圆弧终点相对于圆弧起点的坐标增量值；I、J、K 为圆心相对于圆弧起点的增量值，不论是在 G90 下还是在 G91 方式下都是如此；R 表示圆弧的半径，当圆弧所对应的圆心角小于 180°时半径 R 用正值表示，超过 180°时半径 R 用负值表示，正好为 180°时正负均可。程序中 R 与 I、J、K 不能混用。还应该注意的是，整圆编程时不能使用 R，而只能用 I、J、K。

2. 说明

I 指圆弧起点指向圆心的连线在 X 轴上的投影矢量，I 与 X 轴方向一致为正，相反为负。

J 指圆弧起点指向圆心的连线在 Y 轴上的投影矢量，J 与 Y 轴方向一致为正，相反为负。

K 指圆弧起点指向圆心的连线在 Z 轴上的投影矢量，K 与 Z 轴方向一致为正，相反为负。

3. 圆弧编程举例

【例 5-2】　编制图 5-40 圆弧加工的程序。

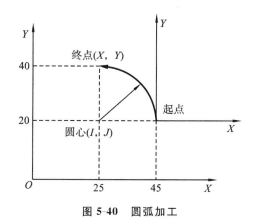

图 5-40　圆弧加工

绝对坐标编程：

G90 G03 X25 Y40 I－20 J0 F50；

或 G90 G03 X25 Y40 R20 F50；

增量坐标编程：

G91 G03 X－20 Y20 I－20 J0 F50；

或 G91 G03 X－20 Y20 R20 F50；

【例 5-3】　编制加工如图 5-41 所示的轮廓加工程序，工件的厚度为 5 mm。设起刀点相对工件坐标系原点的坐标为（－10，－10，300）。使用 G92 指令建立工件坐标系，按 A→B→C→D→E→A 走刀路线编程，程序如表 5-2 所示。

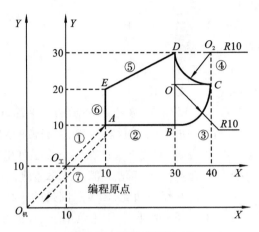

图 5-41 直线、圆弧加工

表 5-2 直线、圆弧加工编程

绝对坐标程序	增量坐标程序	程序说明
O0503	O0503	
S500 M03；	S500 M03；	主轴启动
G92 X－10 Y－10 Z300；		建立临时工件坐标系
G00 Z2；	G00 Z－298；	Z轴快速下刀到工件表面上方
G01 Z－5 F100；	G01 Z－7 F100；	Z轴下刀到加工深度
N01 G90 G17 G01 X10 Y10；	N01 G91 G17 G01 X20 Y20；	移动到点 A
N02 G01 X30；	N02 G01 X20；	加工线段 AB
N03 G03 X40 Y20 I0 J10；	N03 G03 X10 Y10 I0 J10；	加工逆时针圆弧 BC
N04 G02 X30 Y30 I0 J10；	N04 G02 X－10 Y10 I0 10；	加工顺时针圆弧 CD
N05 G01 X10 Y20；	N05 G01 X－20 Y－10；	加工线段 DE
N06 Y10；	N06 Y－10；	加工线段 EA
N07 G00 X－10 Y－10 Z300；	N07 G00 X－20 Y－20 Z305；	回到起始点
N08 M30；	N08 M30；	程序结束

5.2.5 刀具补偿指令

1. 刀具半径补偿指令（G41、G42、G40）

1）刀具半径补偿开始

指令格式：G00(G01)G41(G42)D ___ X ___ Y ___ F ___ ；

2）刀具半径补偿取消

指令格式：G00(G01) G40 X ＿ Y ＿ ；

G40：取消刀具半径补偿。

G41：左刀补（在刀具前进方向左侧补偿），如图 5-42(a)所示。

G42：右刀补（在刀具前进方向右侧补偿），如图 5-42(b)所示。

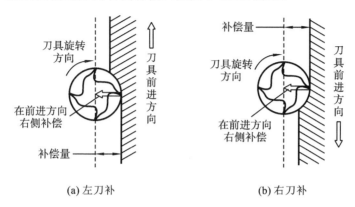

(a) 左刀补　　　　　　　　　(b) 右刀补

图 5-42　刀具半径补偿方向

3）说明

（1）刀具半径补偿开始程序段中的 D 为刀具半径补偿地址，地址中存放的是刀具半径的补偿量；X、Y 为由非刀补状态进入刀具半径补偿状态的起始位置。

（2）刀具半径补偿取消程序段中的 X、Y 为由刀补状态过渡到非刀补状态的终点位置，这里的 X、Y 即为刀具中心的位置。

（3）只能在 G00 或 G01 指令下建立刀具半径补偿状态及取消刀具半径补偿状态。

（4）在建立刀具补偿后，不许使用连续两段的无平面位移指令。这是因为建立刀补后，控制系统要连续读入两段平面位移指令，才能正确计算出刀补状态时刀具中心的位置。

4）刀具半径补偿编程举例

【例 5-4】　用数控铣床加工零件，走刀路线如图 5-43 所示，按增量方式编程。程序如表 5-3所示。

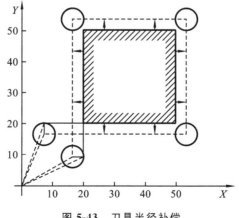

图 5-43　刀具半径补偿

表 5-3　刀具半径补偿编程 1

程　　序	程 序 说 明
O0504	
N10 G54 G17；	使用 G54 预置工件坐标系，插补平面选 XOY
	平面
N15 G91 G00 M03；	使用增量编程方式
N20 G41 X20.0 Y10.0 D01；	建立刀补(刀补号为 01)
N30 G01 Y40.0 F200；	
N40 X30.0；	
N50 Y－30.0；	
N60 X－40.0；	
N70 G00 G40 X－10.0 Y－20.0 M05；	取消刀补
N80 M30；	

【例 5-5】　某零件的外形轮廓如图 5-44 所示，厚度为 6 mm。使用直径为 12 mm 的立铣刀；安全平面距离零件上表面 10 mm，沿轮廓外形的延长线切入、切出。要求：用刀具半径补偿功能手工编制精加工程序。用绝对坐标方式编写加工程序。程序如表 5-4 所示。

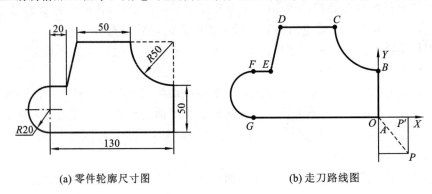

(a) 零件轮廓尺寸图　　　　　　　　　(b) 走刀路线图

图 5-44　刀具半径补偿应用

表 5-4　刀具半径补偿编程 2

程　　序	程 序 说 明
O0505	
G54 G17；	
G00 X20 Y－20 M03 S600；	快速移动到点 P
N02 G90 G00 G41 D01 X0 Y0；	建立刀补(刀补号为 01)移动到点 A
N03 G01 Z－6 F200；	Z 轴下到深度
N04 Y50；	
N05 G02 X－50 Y100 R50；	
N06 G01 X－100；	

续表

程　　序	程序说明
N07 X－110 Y40;	
N08 X－130;	
N09 G03 X－130 Y0 R20;	
N10 G01 X20;	
N11 Z10;	
N12 G40 G00 X20 Y－20 M05;	取消刀补
N13 M30;	

2. 刀具长度补偿指令(G43、G44、G49)

使用刀具长度补偿功能编程时可以不考虑刀具在机床主轴上装夹的实际长度,而只需在程序中给出刀具刀位点的 Z 坐标,具体的刀具长度由 Z 向对刀来协调。

1) 刀具长度补偿开始

指令格式:G00(G01) G43(G44) H ___ Z ___ F ___;

2) 刀具长度补偿取消

指令格式:G00(G01) G49 Z ___;

3) 说明

在刀具长度补偿指令中,G43 表示刀具长度补偿在 Z 轴正方向,G44 表示刀具长度补偿在 Z 轴负方向,G49 表示取消刀具长度补偿用。

H 后跟两位数指定偏置号,由每个偏置号输入需要偏置的量。如图 5-45 所示为刀具长度补偿示例。a 刀具:设定 H01＝2,程序可编写为 G00 G43 Z2 H01;c 刀具:设定 H02＝－2,程序可编写为 G00 G43 Z2 H02;这样 a 刀具和 c 刀具的刀位点均能到达工件表面 2 mm 处。

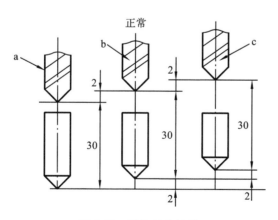

图 5-45　刀具长度补偿

4) 刀具长度补偿编程举例

【例 5-6】　应用刀具长度补偿指令编程的实例,如图 5-46 中点 A 为程序的起点,加工路线为 1→2→…→9。用增量坐标方式编写加工程序。程序如表 5-5 所示。

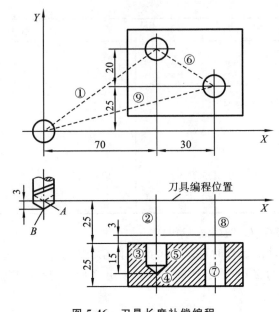

图 5-46 刀具长度补偿编程

表 5-5 刀具长度补偿编程

程 序	程 序 说 明
O0506	
N01 G91 G00 X70 Y45 S600 M03;	刀具以顺时针 600 r/min 旋转,并快速奔向点(70, 45) 刀具正向补偿 H01＝3,并向下进给到工件表面 3 mm 处
N02 G43 H01 Z－22;	
N03 G01 Z－18 F50;	刀具直线插补以 50 mm/min 的速度向下进给 18 mm
N04 G04 P100;	刀具暂停进给 100 ms,以达到修光孔壁的目的
N05 G00 Z18;	刀具快速上移 18 mm
N06 X30 Y－20;	刀具在 XY 平面上向点(120,25)快速移动
N07 G01 Z－33 F50;	刀具直线插补以 50 mm/min 的速度向下进给 33 mm
N08 G28 Z0;	Z 轴回参考点,取消长度补偿
N09 X－100 Y－15 M05;	回到起点程序结束
N10 M02	

5.2.6 子程序指令

1. 子程序指令格式

编程时,为了简化程序的编制,当一个工件上有相同的加工内容时,常用调子程序的方法进行编程。调用子程序的程序称为主程序。子程序的编号与一般程序基本相同,只是程序结束字为 M99,表示子程序结束,并返回到调用子程序的主程序中。FANUC 0i Mate-MC 系统中子程序可以嵌套四级。

指令格式:M98 P××× L△△△;

指令中:××××为程序号;△△△为调用次数。

使用子程序时应注意以下问题。

（1）主程序可以调用子程序，子程序也可以调用其他子程序，但子程序不能调用主程序和自身。

（2）主程序中模态代码可被子程序中同一组的其他代码所更改。

（3）最好不要在刀具补偿状态下的主程序中调用子程序。

2. 子程序编程举例

【**例 5-7**】　编制如图 5-47 所示零件的加工程序，零件上 4 个方槽的尺寸、形状相同，槽深 2 mm，槽宽 10 mm，未注圆角半径为 $R5$，设起刀点为（0,0,200）。主程序如表 5-6 所示，子程序如表 5-7 所示。

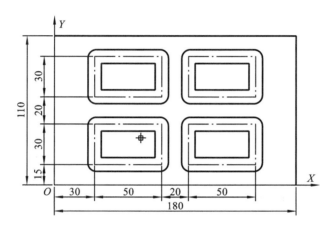

图 5-47　子程序举例

表 5-6　主程序编程

程　　　序	程 序 说 明
O0507	主程序名
N10 G90 G54；	使用 G54 工件坐标系
N20 G00 X－40 Y15 S600 M03；	快速移至第一切削点上方，主轴正转 600 r/min
N30 G43 Z5 H01；	快速移动到 Z 轴进刀参考点
N40 M98 P9507 L2；	调用子程序 O9507 两次
N50 G90 G00 X－40 Y65；	
N60 M98 P9507 L2；	调用子程序 O9507 两次
N70 G91 G28 Z0；	Z 轴回参考点，取消长度补偿
N80 M05；	
N90 M30；	程序结束

表 5-7　子程序编程

程　　　序	程 序 说 明
O9507	子程序名
N005　G91 G00　X70；	快速移动到槽的起点上方

续表

程　　序	程　序　说　明
N010　G01 Z－7　F50；	Z 向进刀
N020　X50.　F150；	
N030　Y30.；	
N040　X－50.；	
N050　Y－30.；	
N060　G00　Z7；	
N070　M99	从子程序返回

5.2.7　比例缩放指令

1. 比例缩放指令格式

1）各轴按相同比例编程

指令格式：G51　X __ Y __ Z __ P __ ；

指令中：X __ Y __ Z __ 为缩放中心坐标；P __ 为缩放比例系数。

G50 为取消比例缩放指令。

2）各轴以不同比例编程

指令格式：G51 X __ Y __ Z __ I __ J __ K __ ；

指令中：I __ J __ K __ 对应 X、Y、Z 轴的比例系数。图 5-48 所示是 X 轴和 Y 轴的缩放比例不一致的情况。

2. 比例缩放编程举例

【**例 5-8**】　如图 5-49 所示的三角形 ABC，顶点为 $A(30,40)$，$B(70,40)$，$C(50,80)$，若 $D(50,50)$ 为中心，放大 2 倍，则缩放程序为

G51 X50 Y50 P2；

执行该程序，将自动计算出 A'、B'、C'，三点坐标数据为 $A'(10,30)$、$B'(90,30)$、$C'(50,110)$，从而获得放大一倍的三角形 $A'B'C'$。

缩放不能用于补偿量，并且对 A、B、C、U、V、W 轴无效。

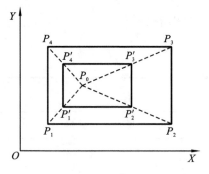

图 5-48　比例缩放

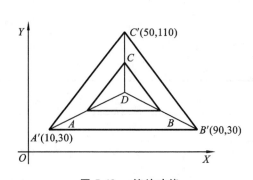

图 5-49　缩放功能

5.2.8　镜像编程指令

1. 镜像编程指令格式

在加工某些对称图形时,为了避免反复编制类似的程序段,缩短加工程序,可采用镜像加工功能。

可编程镜像建立的指令格式:G51.1 X＿(Y＿、Z＿);

可编程镜像取消的指令格式:G50.1 X＿(Y＿、Z＿);

2. 镜像编程举例

【例 5-9】　精铣如图 5-50 所示的 4 个形状相同、高 5 mm 的凸起。设工件坐标原点位于工件上表面对称中心,刀具起始位置在工件坐标系(0,0,100)处,各点坐标为:A(6.84,18.794,0),B(17.101,46.985,0),C(46.985,17.101,0),D(18.794,6.84,0)。主程序如表 5-8 所示,子程序如表 5-9 所示。

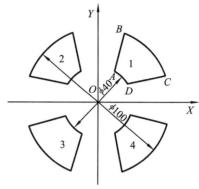

图 5-50　镜像编程

表 5-8　镜像功能主程序编程

程　序	程序说明
O0509	主程序名
N10 G90 G54;	使用 G54 工件坐标系
N20 G00 X0 Y0 S600 M03;	快速移至 XY 平面坐标原点,主轴正转 600 r/min
N30 G43 Z5 H01;	快速移动到 Z 轴进刀参考点
N40 G01 Z－5 F50;	Z 轴下到加工深度
N50 M98 P9509;	调用加工子程序,加工块 1
N60 G51.1 X0;	X 轴镜像
N70 M98　P9509;	调用加工子程序,加工块 4
N80 G51.1 Y0;	X、Y 轴镜像
N090 M98 P9509;	调用加工子程序,加工块 3
N100 G50.1 X0;	取消 X 轴镜像
N0110 M98 P9509;	调用加工子程序,加工块 2
N0120 G50.1 Y0;	取消 Y 轴镜像
N0130 G91 G28 Z0;	Z 轴回参考点,取消长度补偿
N0140 M05;	
N0150 M30;	主程序结束

表 5-9　镜像功能主程序编程

程　序	程序说明
O9509	子程序名
N10 G01 G41 D01 X6.84 Y18.794 F200;	移至点 A 创建刀补
N20 X17.101 Y46.985;	加工 AB 段
N30 G02 X46.985 Y17.101 I－17.101 J－46.985;	加工 BC 段

程　序	程序说明
N40 G01 X18.794 Y6.84;	加工 CD 段
N50 G03 X6.84 Y18.794 I−18.794 J−6.84;	加工 DA 段
N60 G00 G40 X0 Y0;	回到原点取消刀补
N70 M99;	

5.2.9　旋转编程指令

1. 旋转编程指令格式

该指令可使编程图形按照指定旋转中心及旋转方向旋转一定的角度,G68 指令表示开始坐标系旋转,G69 指令用于撤销旋转功能。

指令格式:G68 X ＿ Y ＿ R ＿
　　　　　　⋮
　　　　　G69

指令段中:G68 为坐标旋转,G69 为取消坐标系旋转;X、Y 为旋转中心的坐标值(可以是 X、Y、Z 中的任意两个,它们由当前平面选择指令 G17、G18、G19 中的一个确定),当 X、Y 省略时,G68 指令认为当前的位置即为旋转中心;R 为旋转角度,逆时针旋转定义为正方向,顺时针旋转定义为负方向。

当程序在绝对编程方式下时,G68 程序段后的第一个程序段必须使用绝对编程方式移动指令,才能确定旋转中心。如果这一程序段为增量编程方式移动指令,那么系统将以当前位置为旋转中心,按 G68 给定的角度旋转坐标。

2. 旋转编程举例

【例 5-10】　精铣如图 5-51 所示零件,高 5 mm 的凸起,用旋转编程指令编程。设工件坐标原点位于工件上表面旋转中心。主程序如表 5-10 所示,子程序如表 5-11 所示。

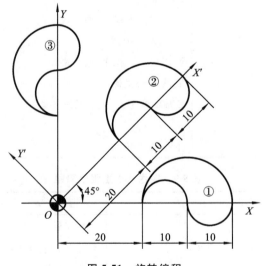

图 5-51　旋转编程

表 5-10　旋转功能主程序编程

程　　序	程 序 说 明
O0510	主程序名
N10 G90 G54；	使用 G54 工件坐标系
N20 G00 X0 Y0 S600 M03；	快速移至 XY 平面坐标原点，主轴正转 600 r/min
N30 G43 Z5 H01；	快速移动到 Z 轴进刀参考点
N40 G01 Z−5 F50；	Z 轴下到加工深度
N50 M98 P9510；	调用加工子程序，加工块①
N60 G68 X0 Y0 R45.0；	坐标系旋转 45°
N70 M98 P9510；	调用加工子程序，加工块②
N80 G69；	坐标系旋转取消
N90 G68 X0 Y0 R90.0；	坐标系旋转 90°
N100 M98 P9510；	调用加工子程序，加工块③
N110 G69；	坐标系旋转取消
N0130 G91 G28 Z0；	Z 轴回参考点，取消长度补偿
N0140 M05；	
N0150 M30；	主程序结束

表 5-11　镜像功能主程序编程

程　　序	程 序 说 明
O9510	子程序名
G41 G01 X20.0 Y0 F100.0 D01；	移至切入点建刀补
G02 X40.0 Y0 I10.0；	加工圆弧段
G02 X30.0 Y0 I−5.0；	加工圆弧段
G03 X20.0 Y0 I−5.0；	加工圆弧段
G40 X0 Y0；	回到原点取消刀补
M99；	

说明如下。

（1）旋转平面一定要包含在刀具半径补偿平面内。

（2）在比例模式时，再执行坐标旋转指令，旋转中心坐标也执行比例操作，但旋转角度不受影响，这时各指令的排列顺序如下。

G51…

G68…

G41/G42…

G40…

G69…

G50…

5.2.10　极坐标编程指令(G15、G16)

1. 极坐标编程指令

G15:取消极坐标。

G16:建立极坐标。

1)功能

终点的坐标值可以用极坐标(半径和角度)输入。角度的正向是所选平面的第一轴正向的逆时针转向,而负向是沿顺时针转动的转向。半径和角度两者可以用绝对值指令或增量值指令(G90、G91)。

2)指令格式

G16 X＿ Y＿ ;

G15…

3)说明

(1)设定工件坐标系零点作为极坐标系的原点。用绝对值编程指令指定半径(零点和编程点之间的距离)。

(2)设定当前位置作为极坐标系的原点。用增量值编程指令指定半径(当前位置和编程点之间的距离)。

(3)用绝对值指令指定角度和半径,其中 X 为半径值,Y 为角度值。

2. 极坐标编程指令举例

【例 5-11】 加工如图 5-52 所示的正六边形,设工件编程原点在正六边形图形上表面中心,坐标系为 G54。编写的程序如表 5-12 所示。

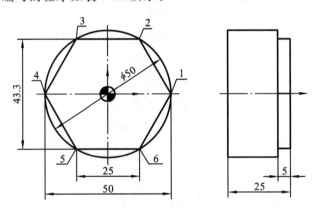

图 5-52　六边形编程

表 5-12　极坐标应用编程

程　　　序	程 序 说 明
O0511	
N10 G90 G54 G17 G15 G40 G49;	
N20 G00 X35 Y0 S600 M03;	快速移至 XY 平面对刀点,主轴正转 600 r/min
N30 G43 Z5 H01;	快速移动到 Z 轴进刀参考点

续表

程　序	程序说明
N40 G01 Z-5 F50；	Z 轴下到加工深度
N70 G42 G01 X25 Y0 D1 F60；	
N80 G16；	使用极坐标系
N90 X25 Y60；	
N100 Y120；	
N110 Y180；	
N120 Y240；	
N130 Y300；	
N140 Y360；	
N150 G15；	取消极坐标
N160 G40 G01 X35 Y0；	
N170 G91 G28 Z0；	Z 轴回参考点，取消长度补偿
N0180 M05；	
N0190 M30；	程序结束

5.3　数控铣床(加工中心)固定循环编程指令

工件的孔加工、型腔和凸台加工是数控铣床加工的主要内容。在编程过程中，对于型腔和凸台加工，常常使用子程序；对于孔加工(钻孔、攻螺纹、镗孔、深孔钻削等)，常常使用孔加工固定循环指令，应用子程序和循环指令可以简化加工程序，提高编程效率。在数控铣床(加工中心)加工中，某些加工动作循环已经典型化。例如钻孔、镗孔的动作是孔位平面定位、快速引进、工作进给、快速退回等，这样一系列典型的加工动作已经预先编好程序，存储在内存中，可用包含 G 指令的一个程序段调用，从而简化编程工作。这种包含了典型动作循环的 G 指令称为固定循环指令。

5.3.1　固定循环的基本动作

1. 常用固定循环的基本动作

FANUC 0i Mate-MC 系统设计有固定循环功能，常用的固定循环指令能完成的工作有：钻孔、攻螺纹和镗孔等。这些循环通常包括下列 6 个基本操作动作，如图 5-53 所示。固定循环的基本动作如下。

动作①：在 XY 平面快速定位到孔中心位置。

动作②：快速下移到 R 平面。

动作③：工作进给，进行孔加工(钻、镗孔等)。

动作④：孔底动作(暂停、主轴停止等)。

动作⑤：退回到 R 平面(快速或工进退回)。

动作⑥：快速退回到初始平面。

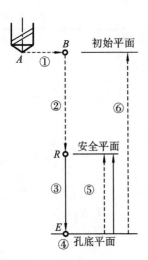

图 5-53　固定循环的基本动作

图 5-53 中实线表示切削进给，虚线表示快速运动。R 平面在孔口上方，是快速与进给运动的转换位置，也作平面孔系加工抬刀平移平面，以利于减少空行程时间。

2. 常用固定循环的基本编程指令格式

常用的固定循环有高速深孔钻循环、螺纹切削循环、精镗循环等。FANUC 0i Mate-MC 系统固定循环的基本编程指令格式为

G90（G91）G98（G99）G73～G89 X＿ Y ＿ Z ＿ R ＿ Q ＿
P ＿ F ＿ L ＿ ;

指令中：

G90 /G91 为绝对坐标编程或增量坐标编程；

G98 为返回初始平面（初始点是为安全下刀而规定的点，该点到零件表面的距离可以任意设定在一个安全高度上，执行循环指令前刀具所在的高度位置即视为初始点）；

G99 为返回安全（R 点）平面（点 R 平面是刀具下刀时由快进转为工进的转换点，距工作表面的距离主要考虑工件表面尺寸的变化，一般可取 2～5 mm）；

G73～G89 为固定循环指令，指定孔加工方式，如钻孔加工、高速深孔钻加工、镗孔加工等；

X、Y 为孔位数据，指被加工孔的位置坐标；

Z 为孔底数据，G90 时 Z 为孔底坐标，G91 时 Z 为点 R 到孔底的增量距离（多为负值）；

R 为安全平面（R 面）高度（坐标），G90 时 R 为 R 面的绝对坐标，G91 时为初始点到 R 面的增量距离（多为负值）；

Q 为每次切削深度；

P 为孔底的暂停时间；

F 为切削进给速度；

L 为规定重复加工次数。

固定循环由 G80 或 01 组 G 指令撤销。

固定循环基本动作可进行分解，动作分解如图 5-54、图 5-55 所示。

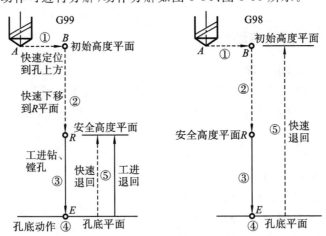

图 5-54　固定循环动作分解一

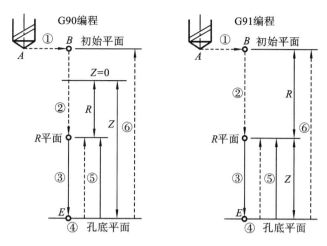

图 5-55　固定循环动作分解二

5.3.2　固定循环指令及指令格式

1. 固定循环指令的基本功能

在数控铣床(加工中心)孔系加工中,有许多固定循环指令,主要用于钻孔、镗孔、攻螺纹等孔加工。常用固定循环指令及其动作、功能如表 5-13 所示。

表 5-13　固定循环指令功能表

G 指令	加工动作 Z 向	在孔底部的动作	回退动作 Z 向	用　　　途
G73	间歇进给		快速进给	高速钻深孔
G74	切削进给	主轴正转	切削进给	反转攻螺纹(左旋螺纹)
G76	切削进给	主轴定向停止	快速进给	精镗孔循环
G80				取消固定循环
G81	切削进给		快速进给	定点钻孔循环
G82	切削进给	暂停	快速进给	钻盲孔
G83	间歇进给		快速进给	钻深孔
G84	切削进给	主轴反转	切削进给	攻螺纹(右旋螺纹)
G85	切削进给		切削进给	镗孔循环
G86	切削进给	主轴停止	切削进给	镗孔循环
G87	切削进给	主轴停止	手动或快速	反镗孔循环
G88	切削进给	暂停、主轴停止	手动或快速	镗孔循环
G89	切削进给	暂停	切削进给	镗孔循环

2. 常用固定循环指令及其格式

1）高速深孔钻循环指令 G73

指令格式：

G98（G99）G73 X＿Y＿Z＿R＿Q＿F＿L＿；

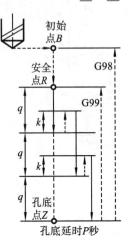

图 5-56　高速深孔加工循环指令 G73

功能：图 5-56 为 G73 指令的动作循环，该固定循环用于 Z 轴的间歇进给，有利于断屑、排屑，减少退刀量，可以进行高效率的深孔加工。

说明：

X、Y 为孔的位置；

Q 为每次向下的钻孔深度（取绝对值）；

Z 在绝对编程时是孔底点 Z 的坐标值，增量编程时是孔底点 Z 相对于参照点 R 的增量值；

图中 k 为每次向上的退刀量（增量值，取正），退刀量由数控系统内部通过参数设定；

F 为钻孔进给速度；

R 为绝对编程时是参照点 R 的坐标值，增量编程时是参照点 R 相对于初始点 B 的增量值；

L 为循环次数（一般用于多孔加工的简化编程）。

【例 5-12】

O0512

N10 G54 G90 S600 M03；

N20 G00 X0 Y0；

N30 G43 Z100 H01；

N40 G98 G73 X100 Y100 Z－40 R10 Q10 F200；

N50 G80 G91 G28 Z0；

N60 M30；

2）反转攻螺纹循环指令 G74

指令格式：G98（G99）G74 X＿Y＿Z＿R＿P＿F＿L＿；

功能：图 5-57 为 G74 指令的动作循环，攻左旋螺纹时主轴反转攻螺纹，到孔底时主轴停止旋转，然后自动正转退回。攻螺纹时速度倍率不起作用。使用进给保持时，在全部动作结束前也不停止。

说明：

X、Y 为螺纹孔的位置；

Z 在绝对编程时是孔底点 Z 的坐标值，增量编程时是孔底点 Z 相对于参照点 R 的增量值；

R 在绝对编程时是参照点 R 的坐标值，增量编程时是参照点 R 相对于初始点 B 的增量值；

P 为孔底停顿时间；

F 为螺纹导程；

L 为循环次数。

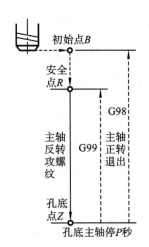

图 5-57　反转攻螺纹循环指令 G74

【例 5-13】

O0513

N10 G54 G90 S400 M03；

N20 G00 X0 Y0；

N30 G43 Z100 H01；

N40 G98 G74 X100 Y100 Z－40 R20 F1.5；

N50 G80 G91 G28 Z0；

N60 M30；

3）精镗循环指令 G76

程序格式：G98(G99) G76 X＿Y＿Z＿R＿Q＿P＿F＿L＿；

功能：图 5-58 为 G76 指令的动作循环，精镗时，主轴在孔底定向停止后，向刀尖反方向移动，然后快速退刀。这样可以高精度、高效率地完成孔加工，退刀时不损伤已加工表面。刀尖反向位移由 Q 指定，其值只能为正值。位移方向由系统参数确定。

说明：

X、Y 为孔的位置；

Z 在绝对编程时是孔底点 Z 的坐标值，增量编程时是孔底点 Z 相对于参照点 R 的增量值；

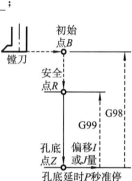

图 5-58　精镗孔循环指令 G76

R 在绝对编程时是参照点 R 的坐标值，增量编程时是参照点 R 相对于初始点 B 的增量值；

P 为孔底停顿时间；

Q 为刀尖反方向位移量（绝对值）；

F 为镗孔进给速度；

L 为循环次数。

【例 5-14】

O0514

N10 G54 G90 S600 M03；

N20 G00 X0 Y0；

N30 G43 Z100 H01；

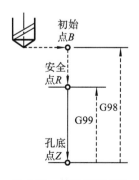

图 5-59　钻孔循环 G81

N40 G98 G76 X100 Y100 Z－40 R10 Q2 F150；

N50 G80 G91 G28 Z0；

N60 M30；

4）钻孔循环（定点钻）指令 G81

指令格式：G98(G99) G81 X＿Y＿Z＿R＿F＿L＿；

功能：图 5-59 为 G81 指令的动作循环，包括 X、Y 坐标定位、快进、工进和快速返回等动作。

说明：

X、Y 为孔的位置；

Z 在绝对编程时是孔底点 Z 的坐标值，增量编程时是孔底点

Z 相对于参照点 R 的增量值;

R 在绝对编程时是参照点 R 的坐标值,增量编程时是参照点 R 相对于初始点 B 的增量值;

F 为钻孔进给速度;

L 为循环次数(一般用于多孔加工的简化编程)。

【例 5-15】

O0515

N10 G54 G90 S600 M03;

N20 G00 X0 Y0;

N30 G43 Z100 H01;

N40 G98 G81 X100 Y100 Z—40 R10 F150;

N50 G80 G91 G28 Z0;

N60 M30;

5) 带停顿的钻孔循环指令 G82

指令格式:

G98(G99) G82 X __ Y __ Z __ R __ P __ F __ L __;

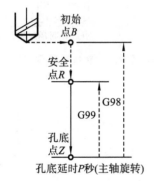

图 5-60 带停顿钻孔循环指令 G82

功能:图 5-60 为 G82 指令的动作循环,此指令主要用于锪孔,镗盲孔、沉头台阶孔等。该指令除了要在孔底暂停外,其他动作与 G81 指令相同。孔底暂停以确保孔深精度与孔底平整。

说明:

X、Y 为孔的位置;

Z 在绝对编程时是孔底点 Z 的坐标值,增量编程时是孔底点 Z 相对于参照点 R 的增量值;

R 在绝对编程时是参照点 R 的坐标值,增量编程时是参照点 R 相对于初始点 B 的增量值;

P 为孔底暂停时间;

F 为钻孔进给速度;

L 为循环次数(一般用于多孔加工的简化编程)。

【例 5-16】

O0516

N10 G54 G90 S600 M03;

N20 G00 X0 Y0;

N30 G43 Z100 H01;

N40 G98 G82 X100 Y100 Z—40 R10 P100 F150;

N50 G80 G91 G28 Z0;

N60 M30;

6) 深孔加工循环指令 G83

指令格式:G98(G99)G83 X __ Y __ Z __ R __ Q __ F __ L __;

功能:图 5-61 为 G83 指令的动作循环,该固定循环用于轴 Z 的间歇进给,每向下钻一次孔后,都快速退到安全平面点 R,然后快进到已加工孔底上方为 K 的位置,再工进钻孔。比 G73 每次退刀量大,使深孔加工更利于排屑、冷却。

说明:

X、Y 为孔的位置;

Z 在绝对编程时是孔底点 Z 的坐标值,增量编程时是孔底点 Z 相对于参照点 R 的增量值;

R 在绝对编程时是参照点 R 的坐标值,增量编程时是参照点 R 相对于初始点 B 的增量值;

Q 为每次向下的钻孔深度(绝对值);

P 为孔底暂停时间;

F 为钻孔进给速度;

L 为循环次数(一般用于多孔加工的简化编程)。

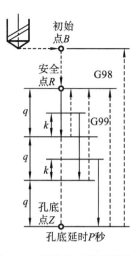

图 5-61　深孔加工循环指令 G83

图中 k 为每次排屑后快速下刀的位置,k 值由 NC 系统内部通过参数设定。

【例 5-17】

O0517

N10 G54 G90 S600 M03;

N20 G00 X0 Y0;

N30 G43 Z100 H01;

N40 G98 G83 X100 Y100 Z−40 R10 Q10 F200;

N50 G80 G91 G28 Z0;

N60 M30;

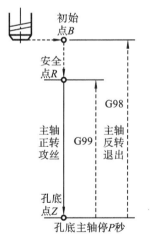

图 5-62　攻螺纹循环指令 G84

7) 攻螺纹循环指令 G84

指令格式:

G98(G99) G84 X＿Y＿Z＿R＿P＿F＿L＿;

功能:图 5-62 为 G84 指令的动作循环,攻右旋螺纹时,主轴正转攻螺纹,到孔底时主轴停止旋转,主轴反转退回。攻螺纹时速度倍率不起作用。使用进给保持时,在全部动作结束前也不停止。G84 指令和 G74 指令中的主轴转向相反,其他和 G74 指令相同。

说明:

X、Y 为螺纹孔的位置;

Z 在绝对编程时是孔底点 Z 的坐标值;增量编程时是孔底点 Z 相对于参照点 R 的增量值;

R 在绝对编程时是参照点 R 的坐标值;增量编程时是参照点 R 相对于初始点 B 的增量值;

P 为孔底暂停时间;

F 为螺纹导程;

L 为循环次数(一般用于多孔加工的简化编程)。

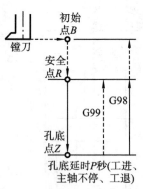

图 5-63　镗孔循环指令 G85

【例 5-18】

O0518

N10 G54 G90 S400 M03；

N20 G00 X0 Y0；

N30 G43 Z100 H01；

N40 G98 G84 X100 Y100 Z—40 R20 F1.5；

N50 G80 G91 G28 Z0；

N60 M30；

8）镗孔循环指令 G85

指令格式：

G98（G99）G85 X ＿ Y ＿ Z ＿ R ＿ F ＿ L ＿ ；

功能：图 5-63 为 G85 指令的动作循环，该指令主要用于精度要求不太高的镗孔加工，其动作为 F 速工进镗孔、F 速工退，全过程主轴旋转。动作过程和 G81 指令一样，G85 指令进刀和退刀时都为工进速度，且回退时主轴照样旋转。

【例 5-19】

O0519

N10 G54 G90 S600 M03；

N20 G00 X0 Y0；

N30 G43 Z100 H01；

N40 G98 G85 X100 Y100 Z—40 R10 F150；

N50 G80 G91 G28 Z0；

N60 M30；

9）镗孔循环指令 G86

指令格式：

G98（G99）G86 X ＿ Y ＿ Z ＿ R ＿ F ＿ L ＿ ；

功能：图 5-64 为 G86 指令的动作循环，该指令和 G81 类似，但 G86 进刀到孔底后使主轴停止，然后快速退回安全平面或初始平面。由于退刀没有让刀动作，快速回退时可能划伤已加工表面，因此只用于粗镗。

【例 5-20】

O0520

N10 G54 G90 S600 M03；

N20 G00 X0 Y0；

N30 G43 Z100 H01；

N40 G98 G86 X100 Y100 Z—40 R10 F150；

N50 G80 G91 G28 Z0；

N60 M30；

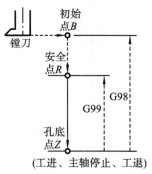

图 5-64　镗孔循环指令 G86

10）反镗循环指令（需要主轴准停）G87

指令格式：

G98 G87 X＿Y＿Z＿R＿P＿Q＿F＿L＿；

功能：图 5-65 为 G87 指令的动作循环，执行该指令时，X、Y 轴定位后，主轴准停，刀具以反刀尖的方向偏移，并快速下行到孔底（此即其 R 平面高度）。在孔底处，顺时针启动主轴，刀具按原偏移量摆回加工位置，在 Z 轴方向上一直向上加工到孔终点（此即其孔底平面高度）。在这个位置上，主轴再次准停后刀具又进行反刀尖偏移，然后向孔的上方快速退出，退回初始点后刀具按原偏移量摆正，主轴正转，继续执行下一程序段。

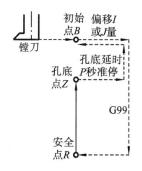

图 5-65　反镗孔循环指令 G87

【例 5-21】

O0521

N10 G54 G90 S600 M03；

N20 G00 X0 Y0；

N30 G43 Z100 H01；

N40 G98 G87 X100 Y100 Z－40 R10 Q1 F150；

N50 G80 G91 G28 Z0；

N60 M30；

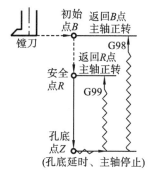

图 5-66　镗孔循环指令 G88

注：如果 Z 轴方向的移动量为零时，该指令不执行；此指令不得使用 G99，如使用则提示"固定循环格式错"。

11）镗孔循环指令（手镗）G88

指令格式：

G98（G99）G88X＿Y＿Z＿R＿P＿F＿L＿；

功能：图 5-66 为 G88 指令的动作循环，工进镗孔到孔底，延时 P 秒后主轴停止旋转，机床停止进给，工作方式自动转为手动，将刀具从孔中手动退出。到初始平面或参照平面上方后，主轴正转，再将工作方式置为自动，按循环启动键，刀具返回点 B 或点 R，运行下面的程序。该指令不需主轴准停。

【例 5-22】

O0522

N10 G54 G90 S600 M03；

N20 G00 X0 Y0；

N30 G43 Z100 H01；

N40 G98 G88 X100 Y100 Z－40 R10 P1000 F150；

N50 G80 G91 G28 Z0；

N60 M30；

注：如果 Z 轴方向的移动量为零时，则该指令不执行。

12）镗孔循环指令 G89

格式：

G98(G99) G89 X ＿ Y ＿ Z ＿ R ＿ P ＿ F ＿ L ＿ ；

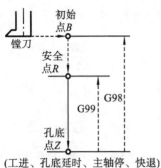

图 5-67　镗孔循环指令 G89

功能：图 5-67 为 G89 指令的动作循环，该指令与 G86 相同，但在孔底有暂停。孔底延时，主轴停止。

【例 5-23】

O0523

N10 G54 G90 S600 M03；

N20 G00 X0 Y0；

N30 G43 Z100 H01；

N40 G98 G89 X100 Y100 Z－40 R10 P1000 F150；

N50 G80 G91 G28 Z0；

N60 M30；

13）取消固定循环指令 G80

G80 指令能取消固定循环，同时点 R 和点 Z 也被取消。

3. 固定循环的注意事项

（1）在固定循环中，定位速度由前面的指令决定。

（2）各固定循环指令除了 P、L 之外均为模态值。

（3）在固定循环指令前，应使用 M03 或 M04 指令使主轴回转。在固定循环程序段中，X、Y、Z、R 数据应至少指定一个。

（4）孔加工在使用控制主轴回转的固定循环指令（G74、G84、G86）中，如果连续加工一些孔间距比较小，或者初始平面到点 R 平面的距离比较短的孔时，会出现在进入孔的切削动作前时，主轴还没有达到正常转速的情况，遇到这种情况时，应在各孔的加工动作之间插入 G04 指令，以获得时间。

（5）当用 G00～G03 指令之一注销固定循环时，G00～G03 指令之一和固定循环不能出现在同一程序段。

5.3.3　固定循环指令中重复使用的方法

在一个平面加工许多相同的平等孔时，应仔细分析孔的分布规律，合理使用重复固定循环指令，可以大量简化编程。许多孔系按等间距线性分布，可以使用重复固定循环加工，即用地址 L 规定重复次数。采用这种方式编程，在进入固定循环之前，刀具不能直接定位在第一个孔的位置，而应向前移动一个孔的位置。因为在执行固定循环时，刀具要先定位后再执行钻孔动作。

1. L 功能字的用法

固定循环中的 L 功能字表示固定循环的次数，用 L 重复循环加工孔时，一般以增量方式（G91），以 X、Y 指定第一个孔位，然后可对等距的相同孔进行重复加工；若用 G90 时，则在相同的位置重复加工孔，显然这并没有什么意义。

2. L 功能重复加工应用

1）单向变化

【例 5-24】　如图 5-68 所示，要在一条直线上加工四个孔，其单向坐标值变化，其坐标分别为（X－30，Y0）、（X－10，Y0）、（X10，Y0）、（X30，Y0），孔深为－10。

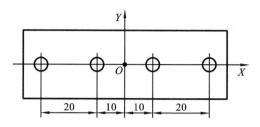

图 5-68　单向变化重复循环实例

若用孔加工循环 G81 指令进行加工,不使用 L 的孔加工程序如下。

O0523

N05 G54 G90 G80 G40 G49 G17;

N10 S600 M03;

N20 G00 X0 Y0;

N30 G43 Z100 H01;

N40 G99 G81 X－30 Y0 Z－10 R5 F150;

N50 X－10;

N60 X10;

N70 X30;

N80 G80 G91 G28 Z0;

N90 M30;

若用孔加工循环 G81 指令进行加工,使用 L 的孔加工程序如下。

O5523

N05 G54 G90 G80 G40 G49 G17;

N10 S600 M03;

N20 G00 X0 Y0;

N30 G43 Z100 H01;

N40 G99 G81 X－30 Y0 Z－10 R5 F150;

N50 G91 X20 L3;

N60 G80 G28 Z0;

N70 M30;

由于相邻孔只有 X 之间的单向变化,其增量为 20,在程序段中采用增量方式编程,并利用重复次数 L 的功能,显著地缩短了数控程序。在多孔加工中,采用这种方法是非常有效的。

2) 双向变化

【例 5-25】　如图 5-69 所示,在一工件表面加工一直线上五个相同等距离孔,孔深度为 30,其坐标为双向变化,即 X、Y 均成等距离变化。

若用孔加工循环 G83 指令进行加工,则孔加工程序如下。

O0524

N05 G54 G90 G80 G40 G49 G17;

N10 S600 M03;

N20 G00 X0 Y0;

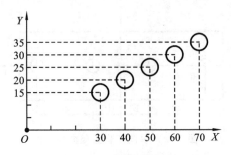

图 5-69　双向变化重复循环实例

N30 G43 Z100 H01;

N40 G99 G83 X30 Y15 Z－30 R5 Q5 F150;

N50 G91 X10 Y5　L4;

N60 G80 G28 Z0;

N70 M30;

其中 G00 X0 Y0 程序段作用是固定循环之前的定位,为重复循环加工作准备,并不直接加工孔。

5.3.4　固定循环指令应用举例

在数控铣床或加工中心上加工孔系零件比较常见,对于孔系加工,用固定循环指令进行编程,可大量简化程序。因此,固定循环功能在生产中应用广泛。

【例 5-26】　如图 5-70 所示,在一平板上钻 8 个相同的孔。孔深坐标为 $Z-40$,各孔间 XY 坐标关系如图所示。

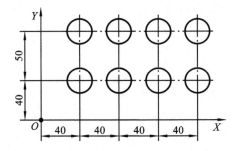

图 5-70　孔加工固定循环实例

采用 G73 编程,程序如下。

O0525

N05 G54 G90 G80 G40 G49 G17;

N10 S600 M03;

N20 G00 X0 Y0;

N30 G43 Z100 H01;

N40 G99 G73 X40 Y40 Z－40 R5 Q5 F150;

N50 G91 X40 L3;

N60 Y50;

N70 X－40 L3;

N80 G80 G28 Z0；

N90 M30；

【例 5-27】 如图 5-71 所示，在一平板上钻 18 个相同的孔。孔深为 10 mm，各孔间 XY 坐标关系如图所示。

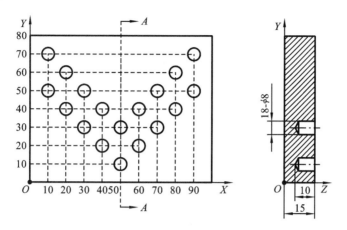

图 5-71 多向变化固定循环实例

由于是盲孔，所以采用 G82 编程。加工程序如下。

O0526

N05 G54 G90 G80 G40 G49 G17；

N10 S600 M03；

N20 G00 X0 Y0；

N30 G43 Z100 H01；

N40 G99 G82 X10 Y50 Z－10 R5 P150 F150；

N50 G91 X10 Y－10 P150 L4；

N60 X10 Y10 P150 L4；

N70 Y20 P150；

N80 X－10 Y－10 P150 L4；

N90 X－10 Y10 L4；

N100 G80 G28 Z0；

N110 M30；

5.4 数控铣床(加工中心)编程实例

数控铣床(加工中心)主要用于平面、型腔、外轮廓、空间复杂型面及孔系加工，复杂型面加工一般采用自动编程，因此，这里仅就一般零件手工编程进行举例说明。

【例 5-28】 如图 5-72 所示为一板类零件，要进行轮廓、平面及孔系加工。工件材料为 45 钢，毛坯为 80 mm×56 mm×24 mm 的长方体，前序工序已经加工好了四周和下表面。

1. 零件图样分析

零件由阶梯面和孔组成。零件图样描述清楚，尺寸标注完整，基本符合数控加工尺寸的标注要求，比较适合采用加工中心加工。

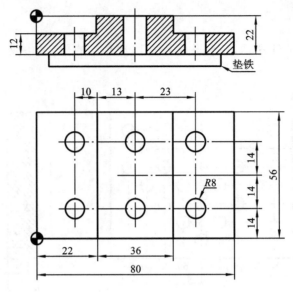

图 5-72　轮廓及孔系加工

2. 确定工序和装夹方式

1) 工件原点

为了便于编程计算和加工、测量将工件原点选在工件的左下角。

2) 工件装夹

毛坯采用虎钳装夹,底部用垫铁支撑,垫平。

3) 加工工步顺序

按照先面后孔的加工原则,加工顺序如下。

(1) 铣上表面。

(2) 铣左右阶梯面。

(3) 钻孔。

4) 选择刀具

根据加工表面选择刀具,刀具的配置如表 5-14 所示。

表 5-14　数控加工刀具卡

单　　位		数控加工	产品名称			零件图号	
		刀具卡片	零件名称			程序编号	
序号	刀具号	刀具名称	刀具		补偿值		刀补号
			直径/mm	长度/mm	半径/mm	长度/mm	半径	长度
1	T01	6齿面铣刀	40	160	0	60		H1
2	T02	3齿立铣刀	16	100	8	0	D2	H2
3	T03	麻花钻	8	120	0	60		H3

5) 确定切削用量

根据被加工表面质量要求、工件材料和刀具材料,可参考机械加工工艺手册来确定切削速度、进给量和背吃刀量。

6）拟定工序卡片

工序卡片如表 5-15 所示。

表 5-15　数控加工工序卡

单位	数控加工工序卡片		产品名称	零件名称	材　料	零件图号
工步号	工步内容	刀具号	刀具规格	主轴转速 /(r/min)	进给速度 /(mm/min)	背吃刀量 /mm
1	铣上表面	T01	ϕ40 面铣刀	320	200	2
2	铣左右台阶	T02	ϕ16 立铣刀	800	90	5
3	钻孔	T03	ϕ8 麻花钻	800	80	

3. 编写加工程序

用 FUNAC 系统格式进行编程，程序如下。

```
O5014
N10 T01 M06；                        换 1 号刀
G54 G90 G17 G49 G40 G80 S320 M03；
G00 X－25 Y0；                        到起点
G43 Z5 H01；                          刀具长补偿
G01 Z0 F200；                         下刀到表面
    X105；
    Y20；
    X－25；
    Y40；
    X105；
G91 G28 Z0；                          Z 轴回参考点
M05；
N20 T02 M06；                         换 2 号刀
G54 G90；
S800 M03；
G00 X－20 Y－20；
G43 Z5 H02；
    Z－5；                            下刀到第 1 层
G41 X11 D02；                         加半径补偿
G01 Y57 F90；
G00 X69；
```

```
G01 Y－1;
G00 X22;
G01 Y57;
G00 X58;
G01 Y－1;
G00 X11;
G01 Z－10;                                    下刀到第 2 层
    Y57;
G00 X69;
G01 Y－1;
G00 X22;
G01 Y57;
G00 X58;
G01 Y－1;
G00 Z10;
G40 X－20 Y－20;
G91 G28 Z0;
M05;
N30 T03 M06;                                  换 3 号刀
G54 G90;
S800 M03;
G00 X0 Y0;
G43 Z20 H02;
G99 G83 X12 Y14 Z－26 R－5 Q5 F80;            孔加工循环
G98 Y42;
    X40;
    Y14;
G99 X68;
G98 Y42;
G80 G91 G28 Z0;
M05;
```

思考题与习题

5-1　数控铣削加工工序如何安排?

5-2　工件定位、装夹的基本原则是什么?

5-3　如何选择数控铣刀?

5-4　坐标系设定指令 G92 与坐标系选择指令 G54～G59 有何不同之处?

5-5　刀具半径补偿的过程分哪几步? 刀具补偿建立与取消应同时具备哪些条件?

5-6　刀具半径补偿使用的注意事项有哪些?

5-7　利用刀具半径补偿功能编写如图 5-73 所示外轮廓零件的加工程序。设立铣刀直径为 10 mm,加工深度为 5 mm。

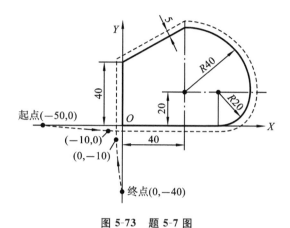

图 5-73　题 5-7 图

5-8　编写如图 5-74 所示零件的加工程序。材料为 45 钢,由于特殊工艺要求,3 号孔先钻再铣。

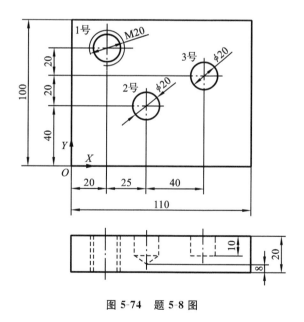

图 5-74　题 5-8 图

5-9　编写图 5-75 所示孔系的加工程序。

5-10　编写图 5-76 所示零件内轮廓型腔的加工程序。工件材料为 Q235,要求对该型腔进行粗、精加工。

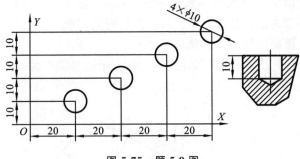

图 5-75　题 5-9 图

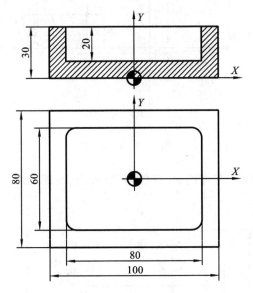

图 5-76　题 5-10 图

第6章 用户宏程序

6.1 用户宏程序概述

用户宏程序是含有变量、算术和逻辑运算、转移和循环等命令的一种可以灵活运用的数控程序,简称用户宏(custom macro)。用户宏程序可以使用变量。

用户宏程序有两种用法:一种是把用户宏作为子程序来使用,这种程序被称为用户宏子程序,程序以 M99 结束,通过用户宏调用命令可以在主程序中调用用户宏子程序,同时可以给用户宏子程序中的相关变量赋初值;另一种是直接作为主程序来使用的用户宏,此时用户宏中的每个变量均由本程序来赋值,程序以 M30 或 M02 结束。不论是哪一种用法,含有变量的程序都可称为用户宏程序。

用户宏程序有以下几个特点。

1. 通用性好

在用户宏程序中,变量的使用提高了数控加工程序的通用性。例如,对于形状相同而尺寸大小不同的系列零件,可以用变量代替具体尺寸编制通用程序,加工某种零件时,只要给变量赋值即可,这样可以大大减小编程工作量。

2. 灵活性强

在用户宏程序中可以对变量进行算术、函数、逻辑的计算,可以根据变量的计算结果控制程序的流程,从而构成循环程序、分支程序等类似于高级语言的程序结构。这样就提高了数控加工程序的灵活性,扩大了手工编程的范围,可以完成如椭圆、圆球等公式曲线、曲面的加工编程。

3. 硬件资源要求低

相比自动编程得到的加工程序,用户宏程序短小精悍,对数控装置存储空间要求较小,故节省了硬件资源。

用户宏程序分为 A 类和 B 类,其主要区别是变量的用法不同。A 类出现较早,使用较烦琐,目前已较少使用;B 类使用较为简便,功能更强大,本书介绍的是 B 类用户宏程序。

6.2 变量和程序流程控制

6.2.1 变量类型及变量的使用

数控加工指令是由地址符和其后所跟的数值组成,如 G01、M03、N10 等。在用户宏程序中,地址符后除了可以直接跟数值以外,还可以使用各种变量。

1. 变量的表示方法

用户宏程序中的变量用符号"♯"后面加上变量的序号表示,可表示为♯i(i=0,1,2,3,4,…)。例如:♯1,♯20,♯5000 等。变量的序号也可以用一个表达式来表示,这时表达式必须用中括号括起来,并且表达式的计算结果必须是 0~9999 之间的整数。例如 ♯[13+5-2]、♯[♯2-♯1+12]等。

2. 变量的引用方法

指令字中跟在地址符后的数值可以被变量替换,如 G♯1、M♯3、S♯10 等均为合法的功能字。需要注意的是,程序段号字 N 和程序名 O 后面的数字不能使用变量,如 N♯2 是错误的。当地址符后的数值使用变量时,功能字的具体功能与变量值有关。

例如:已知♯1=1、♯2=100、♯3=20,则 G♯1 等效于 G1,X-♯2 等效于 X-100,F♯3 等效于 F20。于是程序段 G♯1 X-♯2 F♯3 等效于 G1 X-100 F20。

3. 变量的类型

除了变量♯0 为"空"变量外,其他变量分为局部变量(local variables)、公共变量(common variables)、系统变量(system variables)三种变量类型。

变量♯0 是一个"空"变量,不能被赋值。局部变量和公共变量均可以被赋数值(整数、自然数),数值范围为:$-10^{47} \sim -10^{29}$,0,$10^{29} \sim 10^{47}$。

1) 局部变量

局部变量是指只在单个宏主体中有效的变量,共有 33 个变量号,从♯1~♯33。不同宏主体中的局部变量即使使用相同的变量号,也不是同一个变量。换句话说,在某一时刻调出的用户宏主体中使用的局部变量♯j(j=1~33)和另一时刻调出的用户宏主体中使用的局部变量♯k(k=1~33)是不同的。因此,在多重调用时,当用户宏程序 A 调用用户宏程序 B 的情况下,也不会将 A 中变量改变。

例如:已知主程序 O1000,用户宏程序 O9001。

O1000

N10 ♯1=1;

N20 ♯2=2;

N30 ♯3=3;

N35 ♯4=♯1*♯2*♯3;

N40 G65 P9001;　　　　　　　(调用 O9001 宏程序)

N50 ♯4=♯1*♯2*♯3;

N60 M30;

O9001

N100 ♯1=20;

N110 ♯2=50;

N120 ♯3=40;

N130 M99;

在 O1000 中,N40 G65 P9001 程序段的作用是调用程序号为 O9001 的宏程序。

执行 O1000,当执行完 N35 程序段后,♯4 的值是多少呢? 执行完 N50 程序段后,♯4 的值又是多少呢? 根据局部变量的定义,O1000 和 O9001 中的局部变量相互无关联,因此,N35 段执行后♯4 的值为 6;N50 段执行后♯4 的值仍然为 6。

2) 公共变量

公共变量是指在各宏程序中共用的变量,任何宏程序对某一公共变量值的改变都可以被别的宏程序所用。公共变量分为两种类型,第一种是断电不保持型(数控装置断电重启时,变量值被清空),包括变量♯100～♯199;第二种是断电保持型(数控装置断电重启时,变量值保持不变),包括♯500～♯999。

例如:已知主程序 O2000,用户宏程序 O9002。

O2000

N10 ♯100＝1;

N20 ♯101＝2;

N30 ♯102＝3;

N35 ♯104＝♯100＊♯102＊♯103;

N40 G65 P9002;

N50 ♯104＝♯100＊♯102＊♯103;

N60 M30;

O9002

N100 ♯100＝20;

N110 ♯101＝50;

N120 ♯102＝40;

N130 M99;

执行 O2000,当执行完 N35 程序段后,♯104 的值是多少呢?执行完 N50 程序段后,♯104的值又是多少呢?根据公共变量的定义,O2000 和 O9002 中的公共变量是同一组的变量,因此,N35 段执行后♯104 的值为 6;N50 段执行后♯104 的值为 40000。

3）系统变量

系统变量是指根据数控装置的功能要求和用途而被固定的变量,用于读和写数控装置内部数据,例如,刀具补偿值和当前位置数据。但是,某些系统变量是只读的。系统变量的主要类型如表 6-1 所示。

表 6-1 系统变量的主要类型

变量序号	变量类型	变量用途
♯1000～♯1015 ♯1032	接口信号 DI （数据输入）	把 16 位信号从 PMC 送到用户宏程序,变量♯1000～♯1050 用于按位读取信号,变量♯1032,用于一次读取一个 16 位信号
♯1100～♯1115 ♯1132	接口信号 DO （数据输出）	把 16 位信号从用户宏程序送到 PMC,变量♯1100～♯1115 用于按位写信号,变量♯1132,用于一次写一个 16 位信号
♯2001～♯2400	刀具补偿量和工件坐标系信息	可以用来读或写刀具补偿量
♯3000	宏程序报警	当变量♯3000 的值不为"空"时,CNC 停止运行且报警。例如:赋值♯3000＝1(TOOL NOT FOUND)时,显示器显示"3001 TOOL NOT FOUND"。可进行读写操作
♯3001	时间信息	该变量为一个毫秒计时器
♯3002		该变量为数控系统自动加工时间计时器,以小时为单位记录系统的自动加工时间
♯3011		该变量用于读取当前日期
♯3012		该变量用于读取当前时间

变量序号	变量类型	变量用途
♯3003、♯3004	自动运行控制	能改变自动运行的控制状态(单步、连续),可进行读写操作
♯3005	控制变量	该变量可进行读写操作,用于控制镜像开/关、公制单位/英制单位、绝对坐标编程/增量坐标编程等
♯4001～♯4130	模态信息	用来读取当前运行的模态指令(G、D、F、H、M、N、S、T、P 等)。例如♯4001 的功能是记录 01 组 G 代码的当前信息
♯5001～♯5014	位置信息	能够读取位置信息(各坐标轴程序段的终点位置、各轴当前位置、刀具偏置值等)

6.2.2　变量的运算

变量与变量、变量与数值之间可以进行算术和逻辑运算。常用的算术和逻辑运算如表6-2所示。

表 6-2　算术和逻辑运算

功　　能	运　算　式	说　　明
赋值	♯i＝♯j	算术运算
加法	♯i＝♯j＋♯k	
减法	♯i＝♯j－♯k	
乘法	♯i＝♯j＊♯k	
除法	♯i＝♯j/♯k	
正弦	♯i＝SIN[♯j]	三角函数运算 角度单位使用(°),如 90°30′应表示为 90.5°
反正弦	♯i＝ASIN[♯J]	
余弦	♯i＝COS[♯j]	
反余弦	♯i＝ACOS[♯j]	
正切	♯i＝TAN[♯j]	
反正切	♯i＝ATAN[♯j]/[♯k]	
平方根	♯i＝SQRT[♯j]	函数运算
绝对值	♯i＝ABS[♯j]	
四舍五入圆整	♯i＝ROUND[♯j]	
上取整	♯i＝FIX[♯j]	
下取整	♯i＝FUP[♯j]	
自然对数	♯i＝LN[♯j]	
指数函数	♯i＝EXP[♯j]	

续表

功　能	运　算　式	说　　明
或	#i= #j OR #k	逻辑运算 逻辑运算对二进制数值按对应为 1 位 1 位执行
异或	#i= #j XOR #k	
与	#i= #j AND #k	
BCD 码转为 BIN 码	#i=BIN[#j]	用于与 PMC 的信号交换
BIN 码转为 BCD 码	#i=BCD[#j]	

变量运算时的注意事项如下。

(1) 运算式右边的变量均可以使用数值替代。

(2) 角度单位使用°(度),如:90°30′应表示为 90.5°。

(3) 反正弦计算式 #i=ASIN[#J]中,#i 的取值范围由系统参数 6004-0 控制。当 6004-0 设为 0 时 #i 的取值范围为 270°~90°;当 6004-0 设为 1 时 #i 的取值范围为 -90°~90°。

(4) 反余弦计算式 #i=ACOS[#J]中,#i 的取值范围为 180°~0°。

(5) 反正切计算式 #i=ATAN[#j]/[#k]中,#i 的取值范围也由系统参数 6004-0 控制。当 6004-0 设为 0 时 #i 的取值范围为 0°~360°;当 6004-0 设为 1 时 #i 的取值范围为 -180°~180°。

(6) 对上、下取整函数,CNC 运算时是对原函数的绝对值进行上下取整的。因此,对于负数的处理要特别小心。

例如:已知 #1=1.2、#2=-1.2。

当执行 #3=FUP[#1]时,结果是 #3=2.0;

当执行 #3=FIX[#1]时,结果是 #3=1.0;

当执行 #3=FUP[#2]时,结果是 #3=-2.0;

当执行 #3=FUP[#2]时,结果是 #3=-1.0。

(7) 运算次序。对于复合算式,数控装置的运算顺序是:函数,乘除(* 、/、AND),加减(+ 、 -、OR、XOR)。

例如:算式 #1= #2+ #3 * SIN[#4]的运算顺序如图 6-1 所示。

在运算式中可以用方括号来改变运算顺序。方括号最多可以嵌套 5 级(包括函数内使用的方括号),必须成对使用。如图 6-2 所示的算式,方括号嵌套了 3 级。

(8) 空变量 #0 参与算术运算时等同于数值"0"。

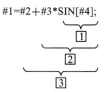

图 6-1　复合算式运算顺序

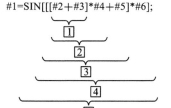

图 6-2　用方括号来改变运算顺序

6.2.3　程序流程控制指令

对程序的流程控制有三条指令,分别是无条件转移、条件转移、条件循环。

1. 无条件转移指令——GOTOn

指令格式:GOTO n;

无条件转移指令的功能是将程序运行指针转移到有程序段号 n 的程序段。其中:n 为程序段号(取值范围 1~9999),可以用变量表示。例如

GOTO 10;

GOTO ♯10;

2. 条件转移指令——IF［条件表达式］GOTO n

指令格式:IF［条件表达式］GOTO n;

条件转移指令的功能是:当条件表达式成立时,将程序运行指针转移到有程序段号 n 的程序段;当条件表达式不成立时,不跳转,继续执行下一个程序段。条件表达式必须包括运算符,运算符插在两个变量(常量、算式)之间,并且用方括号括起来。

运算符共有 6 种,分别是 EQ(相等)、NE(不相等)、GT(大于)、LT(小于)、GE(大于等于)、LE(小于等于)。例如

IF［♯1 GT ♯2］GOTO 20;

IF［10 NE ♯2］GOTO ♯3;

【例 6-1】　完成从 1 到 10 的连续加法计算。

应用条件转移指令编程,程序如下。

```
O9003
     ♯1＝0;                    (累加结果放在♯1中)
     ♯2＝1;                    (被累加的数字放在♯2中)
N1   IF［♯2 GT 10］GOTO 2;     (当被累加的数字大于10时,转移到N2段,程序结束)
     ♯1＝♯1＋♯2;               (进行累加)
     ♯2＝♯2＋1;                (被累加的数字加1)
     GOTO 1;                   (无条件转移到N1段)
N2   M30;                      (程序结束)
```

3. 条件循环——WHILE［条件表达式］DO n

指令格式:WHILE［条件表达式］DO n;

　　　　　　　⋮

　　　　　END n;

条件循环由两个程序段组成,在 DO 和 END 之间的程序段构成循环体。当条件表达式成立时,反复执行循环体;当条件表达式不成立时,不执行循环体,直接执行 END 后面的程序段。DO 和 END 后面的 n 为指定程序执行范围的标号,n 的取值为 1、2、3,不能用其他的数字。

应用条件循环指令的注意事项如下。

(1) 条件循环中的标号 n(1~3)可根据需要多次使用,如图 6-3(a)所示。

(2) 循环不能交叉,如图 6-3(b)所示。

(3) 循环可以最多嵌套 3 重,如图 6-3(c)所示。

（4）可以应用转移指令从循环体中转出，如图 6-3（d）所示。

（5）不能应用转移指令转入循环体，如图 6-3（e）所示。

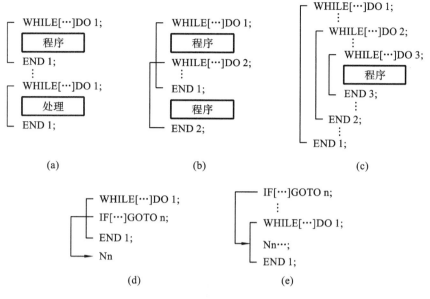

图 6-3　条件循环的注意事项

应用循环指令对例 6-1 编程，程序如下。

```
O9004
    ♯1＝0；                    （累加结果放在♯1中）
    ♯2＝1；                    （被累加的数字放在♯2中）
WHILE［♯2 LE 10］DO 1；       （当被累加的数字小于等于 10 时，执行循环体）
    ♯1＝♯1＋♯2；              （进行累加）
    ♯2＝♯2＋1；               （被累加的数字加 1）
END 1；
M30；
```

6.3　用户宏程序

6.3.1　用户宏程序的编写

在数控加工程序中用户宏程序语句包括：包含算术或逻辑运算的程序段；包含程序流程控制指令的程序段；包含宏程序调用指令的程序段。NC 语句是指用户宏程序语句之外的所有程序段。

数控装置对用户宏程序语句和 NC 语句的执行是不同的，主要区别有两条：一是在机床单段执行时执行完一段用户宏程序语句段后，机床不停止；二是在刀具半径补偿方式中，用户宏程序语句段不作为无坐标移动的程序段处理。

【例 6-2】　加工图 6-4 所示的工件。粗、精加工使用同一把 φ16 立铣刀，刀号 T01，刀具长度补偿 H01。粗加工一次切削速度为 80 m/min，进给速度为 0.3 mm/r，刀具半径补偿 D01＝

17；精加工一次余量为 0.5 mm，切削速度为 100 m/min，进给速度为 0.1 mm/r，刀具半径补偿
D02＝16。

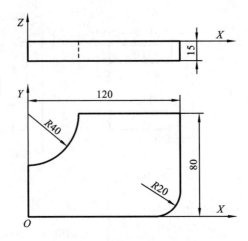

图 6-4 宏程序粗、精加工举例

利用宏程序将粗、精加工置于同一个程序中，程序见表 6-3。

表 6-3 宏程序粗、精加工举例程序

程　　　序	程 序 说 明
O6001	程序号
G54 G17 G80 G40 G49 G21 G90;	初始状态
T01 M06;	换刀
G00 X－40 Y－40;	快速移动到起刀点
G43 Z5 H01;	快速到达 Z 轴参考点
G01 Z－17 F1000;	Z 轴深度
♯1＝1;	♯1 为走刀次数和刀补号
♯2＝1500;	♯2 为主轴转速
♯3＝450;	♯3 为进给速度
WHILE［♯1 LE 2］DO 1;	循环开始
S♯2 M03;	主轴正转，转速为 1500 r/min
G01 G41 X0 Y－10 F♯3 D♯1;	刀补开始
Y40;	
G03 X40 Y80 R40;	
G01 X120;	
Y20;	
G02 X100 Y0 R20;	
G01 X－10;	
G40 X－40 Y－40;	刀补取消
♯1＝♯1+1;	刀补号加 1

续表

程　序	程序说明
♯2＝2000；	精加工主轴转速为 1500 r/min
♯3＝200；	精加工进给速度
END 1；	
G91 G28 Z0；	
M30；	循环结束

6.3.2 用户宏程序调用指令

例 6-2 所示的用户宏程序是把用户宏程序作为独立的程序使用。用户宏程序也可以作为子程序来使用,在主程序中,可以用 G65 指令来调用宏程序。

指令格式:G65 P ＿ L ＿ 　(通过引数给宏程序中的局部变量赋值);

其中:G65 表示调用宏程序;P ＿ 表示指定宏程序号;L ＿ 表示重复调用次数,调用一次时可以省略;引数是由地址及数值构成,用于对宏程序中的局部变量(♯1～♯33)赋初值。举例如下。

主程序:

O6002

⋮

G65 P6101 L2 A1.5 B2;(调用 O6101 宏程序,重复两次,给 O6101 中的♯1、♯2 赋
⋮　　　　　　　　　　初值,♯1＝1.5,♯2＝2。A1.5,B2 为引数)

M30;

宏子程序:

O6101

♯3＝♯1＋♯2;

G00 X♯3 F100;

M99;

6.3.3 局部变量赋初值

在调用宏程序时,给局部变量赋初值的方法有两种,主要区别是使用的引数不同。

1. 第一种赋初值方法

第一种赋初值方法使用除了"G、L、N、O、P"以外的 21 个英文字母作为引数的地址符,可以给 21 个局部变量赋初值。地址符和局部变量的对应关系见表 6-4。

表 6-4　第一种赋初值方法地址符和局部变量的对应关系

地　址　符	宏程序中的局部变量	地　址　符	宏程序中的局部变量
A	♯1	E	♯8
B	♯2	F	♯9
C	♯3	H	♯11
D	♯7	I	♯4

续表

地 址 符	宏程序中的局部变量	地 址 符	宏程序中的局部变量
J	♯5	U	♯21
K	♯6	V	♯22
M	♯13	W	♯23
Q	♯17	X	♯24
R	♯18	Y	♯25
S	♯19	Z	♯26
T	♯20		

使用第一种赋值方法时,地址符"I、J、K"必须按字母顺序排列,其他地址符没有顺序要求,没有使用的地址符可省略。

2. 第二种赋初值方法

第二种赋初值方法是使用英文字母"A、B、C、I、J、K"作为地址符,"A、B、C"每个字母使用一次,"I、J、K"每个字母可以重复使用十次,这样可以给33个局部变量赋初值。地址符和局部变量的对应关系见表6-5。

表6-5　第二种赋初值方法地址符和局部变量的对应关系

地 址 符	宏程序中的局部变量	地 址 符	宏程序中的局部变量
A	♯1	K	♯18
B	♯2	I	♯19
C	♯3	J	♯20
I	♯4	K	♯21
J	♯5	I	♯22
K	♯6	J	♯23
I	♯7	K	♯24
J	♯8	I	♯25
K	♯9	J	♯26
I	♯10	K	♯27
J	♯11	I	♯28
K	♯12	J	♯29
I	♯13	K	♯30
J	♯14	I	♯31
K	♯15	J	♯32
I	♯16	K	♯33
J	♯17		

使用第二种赋值方法时,地址符"I、J、K"是分组的,地址符"I、J、K"对应的是哪一个局部变量与其使用的组次有关。第 n 次出现的"I、J、K"后面的地址符"I、J、K"是第 n+1 组的。I 对应的局部变量是 3n+1;J 对应的局部变量是 3n+2;K 对应的局部变量是 3n+3;n=(1~

10)为组次。例如

G65 P6003 L 2 A1 B2 I3 I4 I5 K6 K7 J8 J9 I10；

程序中 I3 在第 1 组，I4 在第 2 组，I5 在第 3 组，K6 在第 3 组，K7 在第 4 组，J8 在第 5 组，J9 在第 6 组，I10 在第 7 组。

程序表示调用宏程序 O6003，给 O6003 中的局部变量 ♯1、♯2、♯4、♯7、♯10、♯12、♯15、♯17、♯20、♯22 赋初值，分别为：♯1＝1、♯2＝2、♯4＝3、♯7＝4、♯10＝5、♯12＝6、♯15＝7、♯17＝8、♯20＝9、♯22＝10。

6.4 用户宏程序应用实例

使用用户宏程序可以加工普通编程无法加工的零件，也可以对一些固定加工工艺编制通用程序。

6.4.1 椭圆轮廓铣削加工通用程序

由于一般的数控系统不具有椭圆插补的功能，因此要用直线段逼近的方法来加工椭圆。逼近椭圆一般采用等步长法，以椭圆的圆心角为参数构建椭圆的参数方程，以圆心角作为步长法的自变量。由于使用直线段逼近椭圆，直线段的长度很小(远小于刀具半径)，因此编程时不能使用刀具半径补偿(G41、G42)指令。

加工如图 6-5 所示椭圆，用直径为 ♯3 的立铣刀加工长轴为 ♯1、短轴为 ♯2 的椭圆，椭圆与 ＋X 方向的夹角为 ♯4，椭圆中心的坐标为(♯24、Y♯25)。加工椭圆的宏程序从椭圆的起点开始，到椭圆的终点结束，不考虑切入切出线。宏程序中局部变量的定义如表 6-6 所示，椭圆的各变量的几何意义如图 6-5 所示。

表 6-6 椭圆加工局部变量定义及处理

引数的地址符	局 部 变 量	含 义	引数省略时的处理
A	♯1	椭圆长轴半径(对应 X 轴)	报警 Alarm 551
B	♯2	椭圆短轴半径(对应 X 轴)	报警 Alarm 551
C	♯3	立铣刀半径	报警 Alarm 551
I	♯4	椭圆长轴轴线与 ＋X 方向夹角	♯4＝0
J	♯5	角度(参数)自变量初始值	♯5＝0
K	♯6	角度(参数)自变量终止值	♯6＝360
F	♯9	进给速度	报警 Alarm 551
Q	♯17	Z 轴安全高度	♯17＝100
R	♯18	角度每次递增量(绝对值)	♯18＝1
X	♯24	椭圆圆心 X 坐标	♯24＝0
Y	♯25	椭圆圆心 Y 坐标	♯25＝0

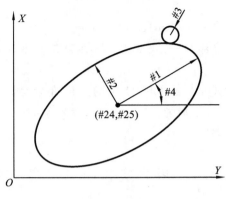

图 6-5　椭圆

椭圆加工宏程序如下。

O9015

　　IF［［♯1＊♯2＊♯3＊♯9］EQ 0］GOTO 551；　　如果半径、速度未定义则报警
　　IF［♯4 NE ♯0］GOTO 5；　椭圆轴线与 X 正方向夹角定义,未定义则给初值 0
　　♯4＝0；
N5 IF［♯5 NE ♯0］GOTO 10；　椭圆起始角度定义,未定义则给初值 0
　　♯5＝0；
N10 IF［♯6 NE ♯0］GOTO 15；　椭圆终止角度定义,未定义则给初值 360
　　♯6＝360；
N15 IF［♯17 NE ♯0］GOTO 20；　安全高度值定义,未定义则给初值 100
　　♯17＝100；
N20 IF［♯18 NE ♯0］GOTO 30；　角度增量值定义,未定义则给初值 1
　　♯18＝1；
N30 ♯1＝♯1＋♯3；　　　　　　　　刀具中心长轴
　　♯2＝♯2＋♯3；　　　　　　　　刀具中心短轴
　　♯18＝ABS［♯18］　　　　　　角度每次递增量取绝对值
N40 IF［♯5 GT ♯6］GOTO 60　　顺时针椭圆转到 N60
N50 ♯10＝♯1＊COS［♯5］；　　　　刀具中心椭圆上 X 坐标
　　♯11＝♯2＊SIN［♯5］；　　　　　刀具中心椭圆上 Y 坐标
　　♯12＝♯10＊COS［♯4］－♯11＊SIN［♯4］;旋转♯4角度后刀具中心椭圆上 X 坐标
　　♯13＝♯10＊SIN［♯4］＋♯11＊COS［♯4］;旋转♯4角度后刀具中心椭圆上 Y 坐标
　　♯7＝♯24＋♯12；　　　　　　　刀具中心 X 坐标
　　♯8＝♯25＋♯13；　　　　　　　刀具中心 Y 坐标
　　G01 X♯7 Y♯8 F♯9；　　　　　直线段逼近运动
　　IF［♯5 GE ♯6］GOTO 800；　　到达终点位置判断
　　♯5＝♯5＋♯18；　　　　　　　新位置角度
　　GOTO 50；
N60 ♯10＝♯1＊COS［♯5］；　　　　刀具中心椭圆上 X 坐标
　　♯11＝♯2＊SIN［♯5］；　　　　　刀具中心椭圆上 Y 坐标

    ♯12＝♯10＊COS[♯4]－♯11＊SIN[♯4]；旋转♯4角度后刀具中心椭圆上 X 坐标

    ♯13＝♯10＊SIN[♯4]＋♯11＊COS[♯4]；旋转♯4角度后刀具中心椭圆上 Y 坐标

    ♯7＝♯24＋♯12；　　　　　　　　刀具中心 X 坐标

    ♯8＝♯25＋♯13；　　　　　　　　刀具中心 Y 坐标

    G01 X♯7 Y♯8 F♯9；　　　　　　直线段逼近运动

    IF[♯5 LE ♯6] GOTO 800；　　到达终点位置判断

    ♯5＝♯5－♯18；　　　　　　　　新位置角度

    GOTO 60；

N551　♯3000＝551(DATA ERROR)；

N800 G00 Z♯17；　　　　　　　　Z 轴返回安全高度点

    M99；

【**例 6-3**】　利用 O9015 宏程序加工如图 6-6 所示带有椭圆倒角的轮廓零件。加工使用 ϕ10 立铣刀，刀号 T01，刀具长度补偿 H01，不使用刀具半径补偿。切削速度为 60 m/min，进给速度为 100 mm/min。

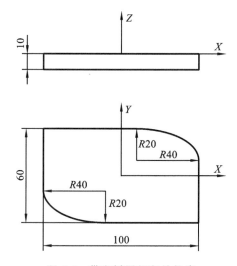

图 6-6　带有椭圆倒角的轮廓

编制数控加工主程序如下。

O6003

T1 M06；

G54 G90 G17 G80 G40 G49 G21；

G00 X70 Y－35 S1900；　　　　　快速移动到起始点

G43 Z5 H01 M03；　　　　　　　　Z 轴到达参考点

G01 Z－12 F1000；　　　　　　　　Z 轴到达加工深度

G01 X－10 F60；

G65 P9015 A40 B20 C5 I0 J270 K180 F60 Q－12 R1 X－10 Y－10 Z－12；

　　　　　　　　　宏程序加工第一段椭圆倒角

G01 Y35；

    X10；

G65 P9015 A40 B20 C5 I0 J90 K0 F60 Q—12 R1 X10 Y10 Z—12；

　　　　　　　　　　　　　　　　宏程序加工第一段椭圆倒角

Y—50；

G91 G28 Z0；

M05；

M30；

6.4.2　圆周均布孔加工通用程序

加工如图 6-7 所示圆周均布的孔群,在半径为♯4 的圆周上钻♯3 个均布孔。第 1 个孔与+X 的夹角为♯1,相邻两孔之间的角度增量为♯2,分布圆中心的坐标为♯24、♯25。宏程序中局部变量的定义如表 6-7 所示。

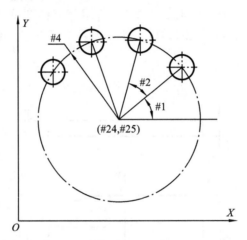

图 6-7　圆周均布孔

表 6-7　圆周均布孔加工局部变量定义及处理

引数的地址符	局部变量	含　　义	引数省略时的处理
A	♯1	第 1 个孔起始角度	♯1＝0
B	♯2	相邻两孔之间的角度增量	报警 Alarm 551
C	♯3	孔的个数	报警 Alarm 551
D	♯7	钻孔方法（G81、G82、G83、G73）	♯7＝81
E	♯8	孔加工循环 Z 轴回归位置	♯8＝98
Q	♯17	啄式钻孔每次进刀深度或盲孔孔底暂停时间	报警 Alarm 551
I	♯4	分布圆半径	报警 Alarm 551
F	♯9	切削进给速度	报警 Alarm 551
R	♯18	孔加工循环点 R 坐标	♯18＝10
X	♯24	分布圆中心 X 坐标	♯24＝0
Y	♯25	分布圆中心 Y 坐标	♯25＝0
Z	♯26	Z 轴深度	报警 Alarm 551

圆周均布孔群加工宏程序如下。

O9025

　　　　IF［［♯2 ＊ ♯3 ＊ ♯4 ＊ ♯9］EQ 0］GOTO 551；如果角度增量、孔数、分布圆半

　　　　　　　　　　　　　　　　　　　　　　　　　　径、速度未定义则报警

　　　　IF［♯1 NE ♯0］GOTO 5；　　起始孔夹角定义，未定义则给初值 0

　　　　♯1＝0；

N5　IF［♯18 NE ♯0］GOTO 10；　　孔加工循环点 R 坐标定义，未定义则给初值 10

　　　　♯18＝10；

N10 IF［♯8 EQ 99］GOTO 15；　　孔加工循环退刀点定义，未定义则给初值 G98

　　　　♯8＝98；

N15 IF［♯7 EQ ♯0］GOTO 50；　　定义孔加工循环方法

　　　　IF［♯7 EQ 81］GOTO 60；

　　　　IF［♯7 EQ 82］GOTO 55；

　　　　IF［♯7 EQ 83］GOTO 55；

　　　　IF［♯7 EQ 73］GOTO 55；

　　　　GOTO 551；　　　　　　　　使用不能识别的加工循环，报警

N50 ♯7＝81；　　　　　　　　　　未定义加工方法则定义加工方法为 G81

　　　　GOTO 60；

N55 IF［♯17 EQ ♯0］GOTO551；　　G73、G82、G83 时未定义 Q 或 P 值则报警

N60 WHILE［♯3 GT 0］DO 1；

　　　　♯5＝♯24＋♯4 ＊ COS［♯1］；　　计算孔中心 X 坐标

　　　　♯6＝♯25＋♯4 ＊ SIN［♯1］；　　计算孔中心 Y 坐标

　　　　♯1＝♯1＋♯2；

　　　　♯3＝♯3－1；

　　　　IF［♯7EQ82］GOTO 65

　　　　IF［♯7EQ81］GOTO 70

　　　　G90 G♯8 G♯7 X♯5 Y♯6 Z♯26 Q♯17 R♯18 F♯9；　　啄式钻孔循环

　　　　GOTO 100

N65 G90 G♯8 G♯7 X♯5 Y♯6 Z♯26 P♯17 R♯18 F♯9；　　钻盲孔循环

　　　　GOTO 100

N70 G90 G♯8 G♯7 X♯5 Y♯6 Z♯26 R♯18 F♯9；　　　　一般钻孔循环

N100 END 1

N551 ♯3000＝551(DATA ERROR)；

M99

【例 6-4】　利用 O9025 宏程序加工在半径 80 圆周上均布的 7 个孔，第 1 个孔的夹角为

30°,角度增量为 25°,采用啄式(G83)钻孔方法。

编制数控加工主程序如下。

O6004

T1 M06；

G54 G90 G17 G80 G40 G49 G21；

S1900 M03；

G43 Z100 H01；

G65 P9025 A30 B25 C7 D83 E99 Q10 I80 F120 R5 X10 Y10 Z−30；

G91 G28 Z0；

M05；

M30；

6.4.3 封闭矩形口袋(内腔)加工通用程序

加工如图 6-8 所示封闭矩形口袋(内腔)，此种内腔加工路线较长，采用宏程序可以简化编程。宏程序采用环切走刀路线，宏程序中局部变量的定义如表 6-8 所示。

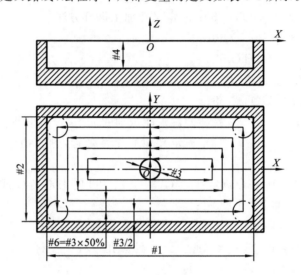

图 6-8　封闭矩形口袋

表 6-8　封闭矩形口袋(内腔)加工局部变量定义及处理

引数的地址符	局 部 变 量	含　义	引数省略时的处理
A	♯1	矩形内腔 X 方向的边长	报警 Alarm 551
B	♯2	矩形内腔 Y 方向的边长	报警 Alarm 551
C	♯3	刀具直径	报警 Alarm 551
I	♯4	矩形内腔深度(绝度值)	报警 Alarm 551
F	♯9	切削速度	报警 Alarm 551
Q	♯17	Z 坐标(绝度值)每次递增量	报警 Alarm 551

封闭矩形口袋(内腔)加工通用程序宏程序如下。

O9035

IF[［♯1 * ♯2 * ♯3 * ♯4 * ♯9 * ♯17］EQ 0］GOTO 551；

　　　　　　　如果边长、深度、刀具直径、切削速度、Z 轴递增量未定义则报警

♯1＝ABS［♯1］；　　　　　　边长取绝对值

♯2＝ABS［♯2］；　　　　　　边长取绝对值

♯3＝ABS［♯3］；　　　　　　刀具直径取绝对值

♯4＝ABS［♯4］；　　　　　　深度取绝对值

```
#5＝0；
#17＝ABS[#17]；                    Z 坐标每次递增量取绝度值
#6＝0.5 * #3；                     定义走刀间距为刀具半径
#7＝#1－#3；                      刀具中心走刀外轮廓长度方向
#8＝#2－#3；                      刀具中心走刀外轮廓宽度方向
WHILE[ #5 LT #4 ] DO1；
G0 Z[1－#5]；
#5＝#5＋#17；
IF[#5 LT #4] GOTO 200；           深度未达到要求转移
#5＝#4                            深度超过要求,定义加工深度
N200 G1 Z－#5 F#9；
#10＝FIX[#8/#6]；                  计算走刀次数
IF[#1GE #2] GOTO 300；
#10＝FIX[#7/#6]；
N300 #11＝FIX[#10/2]；
WHILE[#11 GE 0] DO2；
#12＝#7/2－#11 * #6；
#13＝#8/2－#11 * #6
G1 Y#13；                         循环加工槽
 X－#12；
 Y－#13；
 X#12；
 Y#13；
 X0；
#11＝#11－1；
END2；
G00 Z30
   X0 Y0；
END1；
N551 #3000＝551(DATA ERROR)；
M99；
```

【例 6-5】　利用 O9035 宏程序加工长 100 mm、宽 80 mm、深 10 mm 的槽,深度方向每次加工距离 2.5 mm,使用直径 10 mm 的键槽铣刀。

编制数控加工主程序如下。

```
O6005
T1 M06；
G17 G54 G80 G40 G49 G21 G90；
S1600 M03；
G43 Z30 H01；
G00 X0 Y0；
```

G65 P9035 A100 B80 C10 I10 F150 Q2.5；

G91 G28 Z0；

M05；

M30；

6.4.4　凸球冠铣削加工通用程序

1. 凸球冠铣削粗加工通用程序

加工如图 6-9 所示凸球冠的粗加工。加工路线采用由上至下的环切法，宏程序中局部变量的定义如表 6-9 所示。

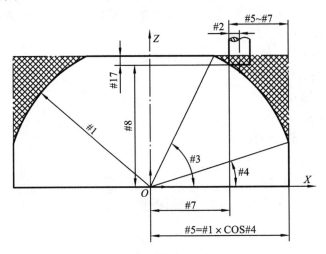

图 6-9　凸球冠铣削粗加工

表 6-9　局部变量定义及处理

引数的地址符	局 部 变 量	含　　义	引数省略时的处理
A	#1	外球面的圆弧半径	报警 Alarm 551
B	#2	平底立铣刀半径	报警 Alarm 551
C	#3	外球面的起始角度 #3≤90°	报警 Alarm 551
I	#4	外球面的起始角度 #4≥0°	报警 Alarm 551
Q	#17	Z 坐标每次递减量（粗加工切深层间距）	报警 Alarm 551

凸球冠铣削粗加工宏程序如下。

O9045

IF［#1 EQ #0］GOTO 551；　　　　　　变量赋初值不符合要求则报警

IF［#2 EQ #0］GOTO 551；

IF［#3 EQ #0］GOTO 551；

IF［#3 GT 90］GOTO 551；

IF［#4 LT 0］GOTO 551；

IF［#17 EQ #0］GOTO 551；

G90 G00 X0 Y0 Z［#1＋30.］；　　　　　刀具快速到达起始点上方

#5＝#1 * COS［#4］；　　　　　　　　　球冠 X 方向终止坐标，层圆的半径

♯6＝1.6＊♯2；	定义环切时的刀具间距为刀具直径的 0.8 倍
♯8＝♯1＊SIN[♯3]；	球冠上部位置
♯9＝♯1＊SIN[♯4]；	球冠下部位置
WHILE[♯8GT♯9]DO1；	分层切削
G90G00X[♯5＋♯2＋1]Y0；	
Z[♯8＋1]；	
♯18＝♯8－♯17；	
G01 Z♯18 F150；	
♯7＝SQRT[♯1＊♯1－♯18＊♯18]；	
♯10＝♯5－♯7；	
♯11＝FIX[♯10/♯6]；	
WHILE[♯11GE0]DO2；	一层内环切
♯12＝♯7＋♯11＊♯6＋♯2；	
G01 X♯12 Y0 F1000；	
G02 I－♯12；	
♯11＝♯11－1；	
END2；	
G91 G00 Z1；	
♯8＝♯8－♯17；	
END1；	
G90 G00 Z[♯1＋30]；	
N551 ♯3000＝551(DATA ERROR)；	
M99；	

【例 6-6】　利用 O9045 宏程序加工半径为 100 的半球，深度方向每次加工距离 2 mm，使用直径 10 mm 的立铣刀。

编制数控加工主程序如下。

```
O6006
T1 M06；
G17 G54 G80 G40 G49 G21 G90；
S1600 M03；
G43 H01；
G00 X0 Y0；
G65 P9045 A100 B10 C90 I0 Q2；
G91 G28 Z0；
M05；
M30；
```

2. 凸球冠铣削精加工通用程序

如图 6-10 所示，采用宏程序完成凸球冠精加工。宏程序中局部变量的定义如表 6-10 所示。

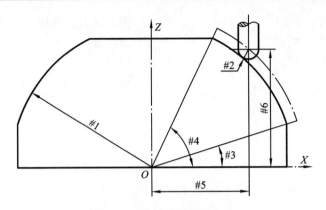

图 6-10　凸球冠铣削精加工

表 6-10　凸球冠铣削精加工局部变量定义及处理

引数的地址符	局部变量	含　义	引数省略时的处理
A	♯1	外球面的圆弧半径	报警 Alarm 551
B	♯2	球头立铣刀半径	报警 Alarm 551
C	♯3	ZX 平面角度自变量的初始值	报警 Alarm 551
I	♯4	球面终止角度♯4≤90°	报警 Alarm 551
Q	♯17	角度每次递增量	报警 Alarm 551

宏程序如下。

```
O9055
IF［♯1 EQ ♯0］GOTO 551;            变量赋初值不符合要求则报警
IF［♯2 EQ ♯0］GOTO 551;
IF［♯3 LT ♯0］GOTO 551;
IF［♯4 GT 90］GOTO 551;
IF［♯17 EQ ♯0］GOTO 551;
G00 X0 Y0 Z［♯1+30.］
♯12＝♯1+♯2
WHILE［♯3LT♯4］DO1                 环切精加工球面
♯5＝♯12＊COS［♯3］
♯6＝♯12＊SIN［♯3］
♯7＝♯6-♯2
G01X［♯5+♯2］Y♯2F1000
Z♯7
G03X♯5Y0R♯2
G02I-♯5
G03X［♯5+♯2］Y-♯2R♯2
G00Z［♯7+1］
Y♯2
♯3＝♯3+♯17
END1
```

G00Z[♯1+30]

N551 ♯3000=551(DATA ERROR)；

M99；

【例 6-7】　利用 O9055 宏程序加工半径为 100 的半球，深度方向每次加工距离 2 mm，使用直径 10 mm 的球头铣刀。

加工程序如下。

O6006

T2 M06；

G17 G54 G80 G40 G49 G21 G90；

S1600 M03；

G43 H01；

G00 X0 Y0；

G65 P9037 A100 B10 C1 I90 Q1；

G91 G28 Z0；

M05；

M30；

思考题与习题

6-1　什么是用户宏程序，用户宏程序有何特点？

6-2　变量有哪些类型？其主要功能有哪些？

6-3　编制一个车削半椭圆球的通用宏程序。

6-4　编制一个精削圆台体的通用宏程序。

第7章　数控机床基本操作

7.1　数控车床的操作方法

数控车床的操作是通过操作面板来实现的。操作面板由机床操作面板和控制系统操作面板两部分组成。

机床操作面板由报警指示灯、机床状态指示灯和机床手动操作按钮组成。主要用于机床的手动控制和程序的调试。

控制系统操作面板由显示器和 MDI 键盘组成。主要用于程序编辑、数据输入、修改及 NC 功能的选择等操作和加工过程参数的显示。

数控车床操作的一般步骤如图 7-1 所示。

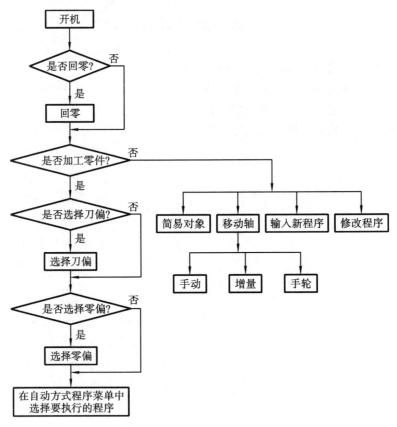

图 7-1　数控车床的操作步骤

7.2　FANUC 0i Mate-TC 系统数控车床的操作

7.2.1　FANUC 0i Mate-TC 系统数控车床的操作面板

FANUC 0i Mate-TC 系统数控车床的操作面板位于机床的右上方,它由上下两部分组成,上半部分为数控系统操作面板,下半部分为数控车床操作面板。

1. 数控系统操作面板

数控系统操作面板也称 CRT/MDI 面板,由 CRT 显示器和 MDI 键盘两部分组成,如图 7-2所示。

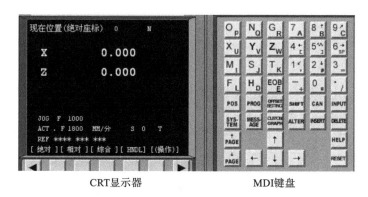

图 7-2　数控系统操作面板

1) CRT 显示器

CRT 显示器可以显示机床的各种参数和功能,如显示机床参考点坐标、刀具起始点坐标、输入数控系统的指令数据、刀具补偿量的数值、报警信号、自诊断结果、滑板快速移动速度以及间隙补偿值等。七个软键用于 CRT 各种界面的选择,左端的软键是返回键,右端的软键是扩展键,中间的软键对应于 CRT 上显示的内容。

2) MDI 键盘

MDI 键盘包括两部分:MDI 地址、数字键,MDI 功能键。

MDI 地址、数字键:主要是用于数字和字母的输入。

MDI 功能键:用于控制 CRT 的显示模式,它由以下功能键组成。

• POS 键:位置键,用于显示当前机床坐标位置,有相对坐标、绝对坐标和综合显示三种方式,用 PAGE 键可以进行显示切换。

• PROG 键:程序键,主要用于程序的显示和编辑。有三种工作方式:编辑方式,用于编辑、显示程序;MDI 方式,用于手动输入程序、编辑程序;自运行方式。

• OFFSET/SETTING 键:偏置键,主要用于显示和设定刀具相对于机床坐标系的偏置,确定工件坐标系与刀具在机床坐标系中的位置。

• SYSTEM 键:系统参数设置键,用于系统参数的设置、自动诊断数据的显示。

• MESSAGE 键:报警操作键,用于报警号的显示。

• CUSTOM/GRAPH 键:图形显示键,用于模拟加工刀具运动轨迹的显示。

• SHIFT 键:字母、数字转换键,用于选择字母或者数字的输入。

- ALTER 键:修改键,用于程序的修改,用输入的数据修改光标处的数据。
- INSERT 键:插入键,用于程序的插入,把程序插入到光标所在处的后面。
- CAN 键:取消键,用于删除光标正在输入的数据。
- DELETE 键:删除键,用来删除程序,也可用来删除光标所在处的数据。
- INPUTE 键:参数设置和修改键,用于输入刀具偏置值和修改参数值。
- PAGE 键:翻页键,用于页面的整体更换。
- EOB 键:换行键,一段程序语句结束换行,及";"的输入和换行切换。
- RESET 键:复位键,用于解除报警,使数控系统复位,按下此键,数控机床马上停止所有操作。
- HELP 键:系统帮助键,用于系统帮助菜单显示。
- ← ↑ ↓ → 键:光标移动键,控制光标的上下、左右移动,方便程序的编辑和修改系统参数。

2. 数控车床操作面板

数控车床操作面板按键如图 7-3 所示,分为以下几类。

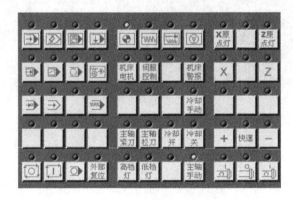

图 7-3 数控车床操作面板

1) 工作方式选择键

AUTO 按键:自动运行方式设定键。按下此键,指示灯亮,机床工作方式为程序自动运行。

EDIT 按键:程序编辑方式设定键。按下此键,指示灯亮,机床工作方式是程序编辑。

MDI 按键:MDI 方式设定键。按下此键,指示灯亮,机床工作方式为手动输入数字和字母数据。

DNC 按键:DNC 运行方式设定键。按下此键,指示灯亮,用来完成从外部输入/输出设备上来选择程序并进行在线加工。

2) 数控加工操作键

REF 按键:返回参考点方式键。按下此键,指示灯亮,返回参考点。

JOG 按键:手动进给方式键。按下此键,指示灯亮,实现手动连续进给方式。

INC 按键:增量及步进进给方式键。按下此键,实现增量进给方式及步进进给方式。

HND 按键:手轮进给方式键。按下此键,实现手轮进给方式。

按键:单步执行键。按下此键,指示灯亮,锁定程序单段执行方式,每按一次单步执行键,程序执行一条程序。

按键:程序跳读键。在自动方式下按下此键,指示灯亮,可以跳过程序段开头带有"/"的程序。

3）程序运行控制键

旋钮:程序编辑开关。旋钮旋至左边竖线位置,可以对程序进行编辑或者修改;旋至圆圈的位置,无法编辑和修改程序。

按键:选择停止键。按下此键,"选择停止"功能有效,若程序中有 M01(选择停止)指令时,机床停止工作,自动循环停止。

按键:手动示教键。按下此键,手动示教或手轮示教方式。

按键:程序重启键。当程序执行由于某种原因停止,按下此键可以实现程序从指定的程序段重新启动。

按键:机床锁定键。在自动方式下按下此键,指示灯亮,机床进给不执行。

按键:机床空运行键。在自动运转方式下按下此键,该键只用于检查刀具的运动轨迹,不用于实际加工。

按键:进给保持键及暂停键。按下此键,程序停止。

按键:循环启动键。按下此键,指示灯亮,程序开始执行。

按键:M00 程序停止键。程序中执行 M00 时,该键指示灯亮。

4）机床主轴及进给控制键

按键:主轴控制键。分别控制主轴的正传、停止、反转。

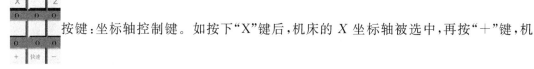

按键:坐标轴控制键。如按下"X"键后,机床的 X 坐标轴被选中,再按"＋"键,机床的 X 坐标轴朝正方向移动,按下"－"键,机床的 X 坐标轴朝负方向移动。

急停按钮:出现紧急情况时,按此按钮,机床立刻停止运行,重新启动时,要首先回参考点,否则机床易出现紊乱。

旋钮:进给速度调节按钮,调节进给的倍率,可在 0～120％之间调节。

旋钮:主轴转速倍率调节,调节主轴的转速,可在 0～120％之间变动。

旋钮:在手轮工作方式下有效,可以通过手轮来控制 X 轴和 Z 轴的移动速度和方向。

5）开关按钮

按钮:数控系统电源控制开关,控制电源的开和关。

7.2.2　数控机床的手动操作

1. 电源的接通

在主电源开关接通之前,必须对机床的防护门等是否关闭、卡盘的夹持方向是否正确、油标液面位置是否符合要求等进行检查。

（1）合上机床电源开关,机床工作灯亮,冷却风扇启动,润滑泵、液压泵启动。

（2）按下操作面板上的绿色按钮,CNC 系统接通,显示器上出现机床的初始位置坐标。

按下红色按钮,关闭数控系统电源。

（3）松开急停按钮,机床强电接通三相 380 V 交流电。

（4）检查机床总压力表,判断压力是否正常。

2．手动操作

机床按加工程序对工件加工时,机床的操作基本上是自动完成的,而在其他情况下,要靠手动来操作机床。

1）手动返回机床参考点

返回机床参考点操作是机床启动后,确定机床坐标系的操作,是机床进行操作时的第一步操作,另外,如果机床采用的是增量式测量系统,一旦机床断电,操作者必须首先进行返回参考点的操作。机床在操作过程中遇到急停信号或超程报警信号,待故障排除、机床恢复工作时,也必须进行返回机床参考点的操作。具体操作步骤如下。

按下返回参考点工作方式键,再按下 JOG 键，将机床的 X 轴和 Z 轴沿负方向移动一小段距离,适当调节进给倍率按钮。按下进给轴键和方向键“＋”,刀具快速返回参考点,返回参考点的指示灯亮。

2）滑板的手动进给

当手动调整机床、要求刀具快速接近或离开工件时,需要手动操作滑板进给。滑板进给的手动操作有以下三种方式。

（1）手动连续进给　具体操作过程:按下手动进给方式键，接着按下 X 轴或 Z 轴控制键,再按方向键“＋”或“－”键,机床会沿着相应的方向运动。如:按下 X 轴控制键和“＋”键,机床的工作台会沿着 X 轴的正方向快速移动;移动的速度可以通过倍率旋钮进行调节。

（2）手动增量进给　具体操作过程:按下手动增量进给方式键，接着按下进给轴控制键和方向选择键,机床就会沿着选择的轴和方向移动,每按一次键“＋”,就移动一步,移动的速度可以通过进给倍率键进行调节。

（3）手轮进给　具体操作过程:按下手轮进给方式键；旋转进给轴选择按钮,选择一个需要移动的轴的 X 轴或 Z 轴,转动手轮脉冲发生器,机床沿着相应的方向移动,移动的速度可以通过手轮进给倍率旋钮进行调节。

3）主轴手动操作

主轴的运动有三种状态,即正转、反转、停止,通过 三个按键来实现;主轴的转速也可以进行调节,通过主轴转速倍率旋钮 来实现。

7.2.3　程序的输入、编辑与校验

1．程序的编辑

程序的编辑包括对存储器内程序的调用、程序的直接编辑、程序的修改等操作。

1）对存储器内程序的调用

调用过程:按下自动运行方式设定键，按下功能键，按下地址键，用数字键输入要选择的程序名,按下软键，调出需要的程序,按下循环启动键，程序自动运行。

2）程序的直接编辑

程序的直接编辑一般有两种情况:MDI 方式下的程序编辑和 EDIT 工作方式下的程序

编辑。

(1) MDI 工作方式下的程序编辑　编辑过程:按下 MDI 方式设定键▣,接着按下 MDI 面板上的功能键PROG,显示程序画面,在画面中即可进行程序编辑,按下自动运行方式设定键,程序即可运行。

(2) EDIT 工作方式下的程序编辑　编辑过程:程序保护锁打开,按下程序编辑方式设定键▨,接着按下 MDI 面板上的功能键PROG,显示程序编辑画面,按下地址键O_p 和数字键,输入程序名,再按下插入键INSERT,程序名显示在 CRT 界面上程序的起始位置,接着通过 MDI 面板进行程序的编程,通过换行键EOB来进行程序的换行。

2. 程序的输入

将编制好的工件程序输入到数据系统中去,以实现机床对工件的自动加工。程序的输入方法有两种:一种是通过 MDI 键盘输入,按下自动运行方式设置键,程序即可运行;另一种是通过纸带阅读机输入。

3. 程序的校验

对于已输入到存储器中的程序必须进行校验,并对校验中发现的程序指令错误、坐标值错误、几何图形错误等进行修改,待程序完全正确后,才能进行空运行操作。校验的方法有单段程序调试法和机床功能锁定法。

7.2.4　机床的运转

工件的加工程序输入到数控系统后,经检查无误,便可进行机床的空运行和实际切削。

在机床空运行之前,操作者必须完成下面的准备工作。

(1) 装夹刀具,将各刀具的补偿值输入数据系统。

(2) 进给速度调节按钮旋至适当位置,一般置于 100%。

(3) 将单步运行开关、选择停止开关、机床锁定开关和空运行开关扳至"ON"位置。

(4) 将尾架退回原位并使套筒退回,将卡盘夹紧。

(5) 将方式选择旋转开关置于存储器工作方式。

(6) 按下程序键,选择欲加工程序,并返回程序头。

(7) 按下程序启动按钮,自动运行开始。

机床空运行完毕,确认加工程序过程正确后,装夹工件进行实际切削,加工程序正确且加工的工件符合零件图样要求,便可连续执行加工程序进行正式加工。

7.2.5　关机操作

(1) 检查机床上所有可移动部件是否停止,关闭外部输入输出设备。

(2) 将 X 轴和 Z 轴停在合适的位置上。

(3) 按下机床急停按钮,使机床处于急停状态。

(4) 按下面板上的红色按钮,使数控系统断电。

(5) 将机床侧面电器柜上的开关旋到"OFF"位置。

(6) 关闭总三相电源。

7.3　华中数控 HNC 系统的操作

7.3.1　HNC 机床操作面板

机床操作面板位于窗口的右下侧,如图 7-4 所示。主要用于控制机床的运动和选择机床运行状态,由模式选择旋钮、数控程序运行控制开关等多个部分组成。

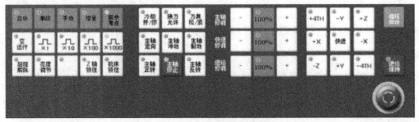

(a) HNC-M(铣床)面板

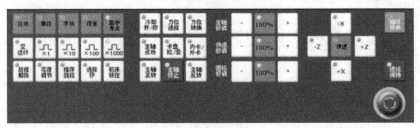

(b) HNC-T(车床)面板

图 7-4　机床操作面板

HNC 机床操作面板每一部分的详细说明如下。

1. 方式选择

进入自动加工模式。

按一下"循环启动"按键运行一程序段,机床运动轴减速停止,刀具、主轴电动机停止运行;再按一下"循环启动"按键又执行下一程序段,执行完后又再次停止。

手动方式,手动连续移动台面或者刀具。

增量进给。

回参考点。

2. 主轴控制

在手动方式下,当主轴制动无效时,指示灯灭,按一下"主轴定向按键",主轴立即执行主轴定向功能。定向完成后,按键内指示灯亮,主轴准确停止在某一固定位置。

在手动方式下,当主轴制动无效时,指示灯灭,按一下"主轴冲动按键",指示灯亮,主电动机以机床参数设定的转速和时间转动一定的角度。

在手动方式下,主轴处于停止状态时,按一下"主轴制动"按键,指示灯亮,主电动机被锁定在当前位置。

按一下"主轴正转"按键,指示灯亮,主电动机以机床参数设定的转速正转。

按一下"主轴停止"按键,指示灯亮,主电动机停止运转。

按一下"主轴反转"按键,指示灯亮,主电动机以机床参数设定的转速反转。

3. 增量倍率

、、、选择手动台面时每一步的距离。×1 为 0.001 mm,×10 为 0.01 mm,×100 为 0.1 mm,×1000 为 1 mm。置光标于旋钮上,点击鼠标左键选择。

4. 锁住按钮

禁止进刀。在手动运行开始前按一下"Z 轴锁住"按键,指示灯亮,再手动移动 Z 轴,Z 轴坐标位置信息变化,但 Z 轴不运动。

禁止机床所有运动。在自动运行开始前,按一下"机床锁住"按键(指示灯亮),再按"循环启动"按键系统继续执行程序,显示屏上的坐标轴位置信息变化,但不输出伺服轴的移动指令,所以机床停止不动,这个功能用于校验程序。

5. 刀具松紧

在手动方式下,通过按压"允许换刀"按键,使得允许刀具松/紧操作有效(指示灯亮)。

按一下"刀具松/紧"按键,松开刀具默认值为夹紧。再按一下又为夹紧刀具,如此循环。

6. 数控程序运行控制开关

程序运行开始。模式选择旋钮在"自动"、"单段"和"MDI"位置时按下有效,其余时间按下无效。

程序运行停止。在数控程序运行中,按下此按钮停止程序运行。

按下此键,各轴以固定的速度运动。

在伺服轴行程的两端各有一个极限开关,作用是防止伺服机构与行程极限开关发生碰撞而损坏,每当伺服机构碰到行程极限开关时,就会出现超程。当某轴出现超程("超程解除"按键内指示灯亮时),系统视其状况为紧急停止,要退出超程状态时必须执行以下操作:

① 松开急停按钮置工作方式为手动或手摇方式;

② 一直按压着超程解除按键控制器会暂时忽略超程的紧急情况;

③ 在手动(手摇)方式下使该轴向相反方向退出超程状态;

④ 松开超程解除按键。

若显示屏上运行状态栏运行正常取代了出错,表示恢复正常可以继续操作。

7. 冷却开/停

在手动方式下,按一下"冷却开/停"为冷却液开,默认值为冷却液关,再按一下又为冷却液关,如此循环。

8. 主轴修调

主轴正转及反转的速度可通过主轴修调调节,按压主轴修调右侧的 100% 按键,指示灯亮。主轴修调倍率被置为 100%,按一下"+"按键,主轴修调倍率递增 5%,按一下"—"按键,主轴修调倍率递减 5%,机械齿轮换挡时,主轴速度不能修调。

9. 手动移动

手动移动机床主轴按钮。

10. 急停

急停按钮 机床运行过程中,在危险或紧急情况下按下急停按钮,数控装置即进入急停状态。伺服进给及主轴运转立即停止工作(控制柜内的进给驱动电源被切断)。松开急停按钮,左旋此按钮,自动跳起,数控装置进入复位状态。

7.3.2 HNC 数控系统操作

数控系统操作键盘会出现在视窗的右上角,其左侧为数控系统显示屏,如图 7-5 所示。

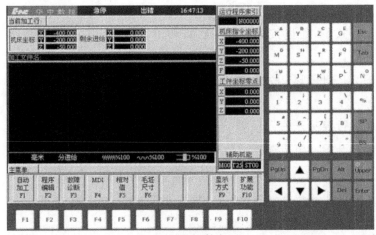

(a) HNC-M(铣床)

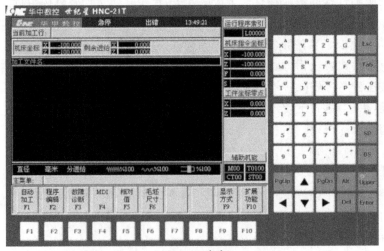

(b) HNC-T(车床)

图 7-5 CNC 控制面板

1. 按键介绍

1）功能键

| F1 | F2 | F3 | F4 | F5 | F6 | F7 | F8 | F9 | F10 |

2）数字键

3）字母键

数字/字母键用于输入数据到输入区域，如图 7-6 所示，系统自动判别取字母还是取数字。

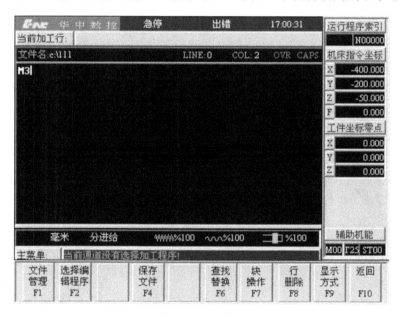

图 7-6　输入区域

4）编辑键

替代键。用输入的数据替代光标所在的数据。

删除键。删除光标所在的数据，或者删除一个数控程序或者删除全部数控程序。

取消键。取消当前操作。

跳挡键。

空格键。空出一格。

退格键。删除光标前的一个字符光标向前移动一个字符位置，余下的字符左移一个字符位置。

Enter 确认键。确认当前操作，结束一行程序的输入并且换行。

Upper 上挡键。

5）翻页按钮（PAGE）

PgUp 向上翻页。使编辑程序向程序头滚动一屏，光标位置不变。如果到了程序头，则光标移到文件首行的第一个字符处。

PgDn 向下翻页。使编辑程序向程序尾滚动一屏，光标位置不变。如果到了程序尾，则光标移到文件末行的第一个字符处。

6）光标移动（CURSOR）

▲ 向上移动光标。

▼ 向下移动光标。

◄ 向左移动光标。

► 向右移动光标。

2. 手动操作数控铣床

1）复位

系统上电进入软件操作界面时，系统的工作方式为"急停"，为控制系统运行，需左旋并拔起操作台右上角的"急停"按钮 ⊙ ，使系统复位，并接通伺服电源。系统默认进入"回参考点"方式，软件操作界面的工作方式变为"回零"。

2）回参考点

控制机床运动的前提是建立机床坐标系，为此，系统接通电源、复位后首先应进行机床各轴回参考点操作。

（1）如果系统显示的当前工作方式不是回零方式，按一下控制面板上面的"回零"按键，确保系统处于"回零"方式；

（2）根据 X 轴机床参数"回参考点方向"，按一下 +x （"回参考点方向"为"＋"）或 -x （"回参考点方向"为"－"）按键，X 轴回到参考点后，+x 或 -x 按键内的指示灯亮。

（3）用同样的方法使用 +y 、-y 、+z 、-z 、+4TH 、-4TH 按键，可以使 Y 轴、Z 轴、4TH 轴回参考点。所有轴回参考点后，即建立了机床坐标系。

3）点动进给

按一下"手动"按键（指示灯亮），系统处于点动运行方式，可点动移动机床坐标轴（下面以点动移动 X 轴为例说明）。

（1）按压 +x 或 -x 按键（指示灯亮），X 轴将产生正向或负向连续移动；

（2）松开 +x 或 -x 按键（指示灯灭），X 轴即减速停止。

用同样的操作方法使用 +y 、-y 、+z 、-z 、+4TH 、-4TH 按键可以使 Y 轴、Z 轴、4TH 轴产生正向或负向连续移动。

4）点动快速移动

在点动进给时，若同时按压"快进"按键，则产生相应轴的正向或负向快速运动。

5）点动进给速度选择

在点动进给时,进给速率为系统参数"最高快移速度"的 1/3 乘以进给修调选择的进给倍率。

点动快速移动的速率为系统参数"最高快移速度"乘以快速修调选择的快移倍率。

按压进给修调或快速修调右侧的"100％"按键,(指示灯亮),进给或快速修调倍率被置为 100％,按一下"＋"键,修调倍率递增 5％,按一下"－",按键修调倍率递减 5％。

6）增量进给

当手持单元的坐标轴选择波段开关置于"OFF"挡时,按一下 控制面板上的 ▨ 按键(指示灯亮),系统处于增量进给方式,可增量移动机床坐标轴(下面以增量进给 X 轴为例说明)。

（1）按一下 ⁺ₓ 或 ₋ₓ 按键(指示灯亮),X 轴将向正向或负向移动一个增量值;

（2）再按一下 ⁺ₓ 或 ₋ₓ 按键,X 轴将向正向或负向继续移动一个增量值。

用同样的操作方法使用 ⁺ʸ 、 ₋ʸ 、 ⁺ᶻ 、 ₋ᶻ 、 ⁺⁴ᵀᴴ 、 ₋⁴ᵀᴴ 按键,可以使 Y 轴、Z 轴、4TH 轴向正向或负向移动一个增量值。同时按一下多个方向的轴,手动按键每次能增量进给多个坐标轴。

7）增量值选择

增量进给的增量值由 ×1 、 ×10 、 ×100 、 ×1000 四个增量倍率按键控制。增量倍率按键和增量值的对应关系如表 7-1 所示。

表 7-1　进给倍率对应表

增量倍率按键	增量值/mm
×1	0.001
×10	0.01
×100	0.1
×1000	1

注意:这几个按键互锁,即按一下其中一个(指示灯亮),其余几个会失效(指示灯灭)。

8）手摇进给

当手持单元的坐标轴选择波段开关置于"X"、"Y"、"Z"、"4TH"挡时,按一下控制面板上的按键(指示灯亮),系统处于手摇进给方式,可手摇进给机床坐标轴(下面以手摇进给 X 轴为例说明)。

（1）手持单元的坐标轴选择波段开关置于"X"挡。

（2）旋转手摇脉冲发生器,可控制 X 轴正、负向运动。

（3）顺时针/逆时针旋转手摇脉冲发生器一格,X 轴将向正向或负向移动一个增量值。

用同样的操作方法使用手持单元可以使 Y 轴、Z 轴、4TH 轴向正向或负向移动一个增量值。

手摇进给方式每次只能增量进给一个坐标轴。

9）手摇进给倍率选择

手摇进给的增量值(手摇脉冲发生器每转一格的移动量)由手持单元的增量倍率波段开关"×1"、"×10"、"×100"控制。增量倍率波段开关的位置和增量值的对应关系如表 7-2 所示。

表 7-2　　手摇进给倍率对应表

位　　置	增量值/mm
×1	0.001
×10	0.01
×100	0.1

3. 手动数据输入(MDI)运行(F4～F6)

在主操作界面下按"F4"键进入 MDI 功能子菜单。

在 MDI 功能子菜单下按"F6"键进入 MDI 运行方式,命令行的底色变成了白色并且有光标在闪烁,如图 7-7 所示。这时可以从 NC 键盘输入并执行一个 G 代码指令段即"MDI 运行"。

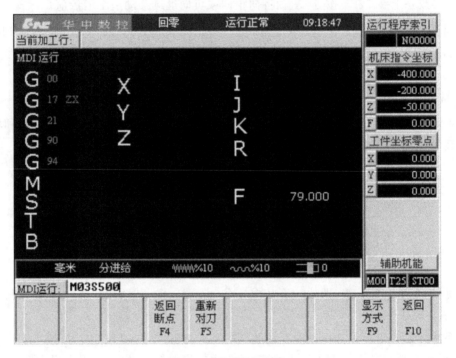

图 7-7　MDI 运行方式

1) 输入 MDI 指令段

MDI 输入的最小单位是一个有效指令字。因此,输入一个 MDI 运行指令段可以有下述两种方法。

(1) 一次输入,即一次输入多个指令字的信息。

(2) 多次输入,即每次输入一个指令字的信息。

例如要输入"G00 X100 Y1000" MDI 运行指令段,可以有如下两种方式:①直接输入"G00 X100 Y1000"并按"Enter"键;②先输入"G00"并按"Enter"键,再输入"X100"并按"Enter"键,然后输入"Y1000"并按"Enter"键,显示窗口内将依次显示大字符"X100","Y1000"。

在输入命令时,可以在命令行看见输入的内容,在按"Enter"键之前,发现输入错误,可用

BS 、◄ 、► 键进行编辑,按"Enter"键后,系统发现输入错误,会提示相应的错误信息。

2) 运行 MDI 指令段

在输入完一个 MDI 指令段后,按一下操作面板上的 键,系统即开始运行所输入的 MDI 指令。

如果输入的 MDI 指令信息不完整或存在语法错误,系统会提示相应的错误信息,此时不能运行 MDI 指令。

3) 修改某一字段的值

在运行 MDI 指令段之前,如果要修改输入的某一指令字,可直接在命令行上输入相应的指令字符及数值。

例如在输入"X100"并按"Enter"键后希望 X 值变为 109,可在命令行上输入"X109"并按"Enter"键,如图 7-8 所示。

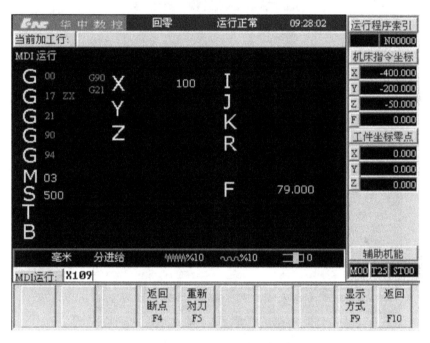

图 7-8 修改某一字段的值

4) 清除当前输入的所有尺寸字数据

在输入 MDI 数据后,按"F7"键可清除当前输入的所有尺寸字数据(其他指令字依然有效),显示窗口内 X、Y、Z、I、J、K、R 等字符后面的数据全部消失,此时可重新输入新的数据。

5) 停止当前正在运行的 MDI 指令

在系统正在运行 MDI 指令时,按"F7"键可停止 MDI 运行。

4. 自动加工程序选择

1) 选择磁盘程序

(1) 选择"自动加工"菜单中的"程序选择",如图 7-9 所示。

(2) 按"F1"键显示磁盘程序,如图 7-10 所示。

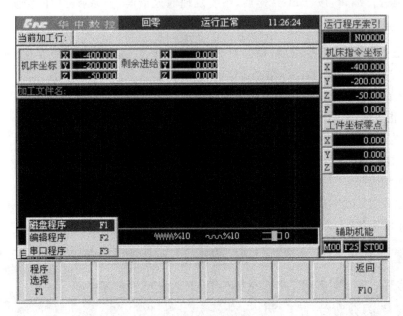

图 7-9　选择程序

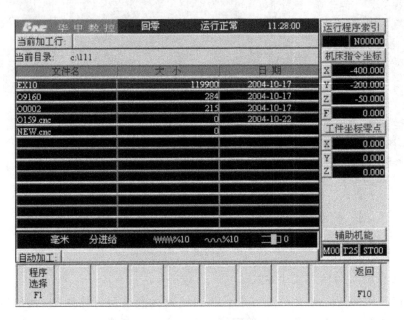

图 7-10　磁盘程序

（3）按 ▲、▼，光标选择其中的程序，按"Enter"键，选中的程序被打开。如图 7-11 所示。

2）选择编辑程序

编辑完程序，保存好后若要进行加工，步骤如下。

（1）选择"自动加工"菜单中的"程序选择"，如图 7-12 所示。

（2）按"F2"键，所编辑的程序被调出，按 键，程序可运行。

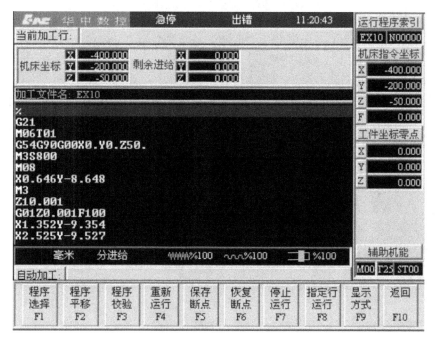

图 7-11 打开程序

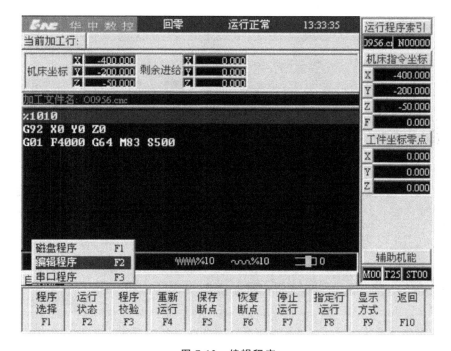

图 7-12 编辑程序

3）块操作

（1）打开已编辑好的程序，将光标移动到所要定义的块之前，如图 7-13 所示。

（2）按"F7"键，用 ▲、▼ 选择"定义块头"，如图 7-14 所示。

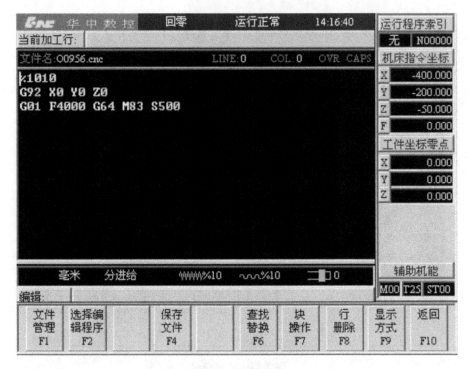

图 7-13　块操作

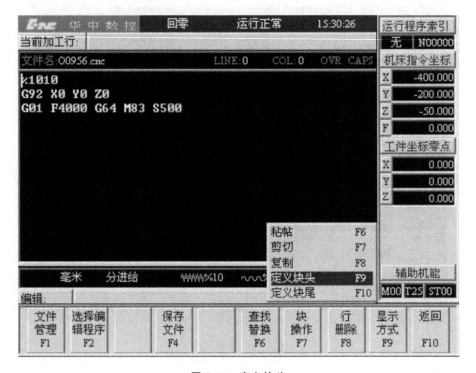

图 7-14　定义块头

（3）移动 ◄ 、► 、▲ 、▼ 光标键，选择所要定义块的部分，如图 7-15 所示。

（4）按"F7"键，选择"定义块尾"，如图 7-16 所示。

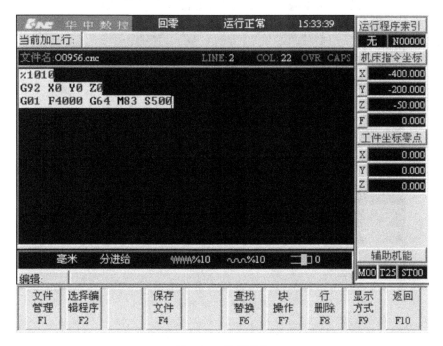

图 7-15　选择块体

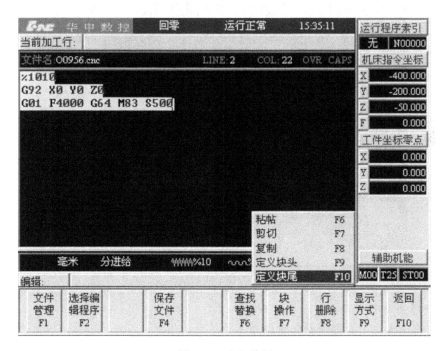

图 7-16　定义块尾

（5）按"F7"键,选择"复制"或"剪切"后,移动 ◄、►、▲、▼ 光标键,将光标移动到所要粘贴的位置,如图 7-17 所示。

（6）按"F7"键,选择"粘贴",定义块的部分就被粘贴在光标处,如图 7-18 所示。

图 7-17　移动块

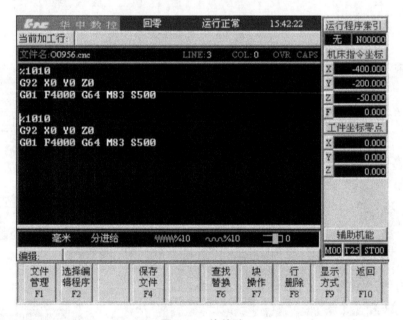

图 7-18　块粘贴

4）选择当前正在加工的程序进行编辑

选择当前正在加工的程序操作步骤如下。

（1）在调出加工程序后，按"F2"键，在编辑程序菜单中按"F2"键，选中正在加工的程序选项，如图 7-19 所示。

（2）按光标键即可进行编辑了。

5）选择一个新文件

新建一个文件进行编辑的操作步骤如下。

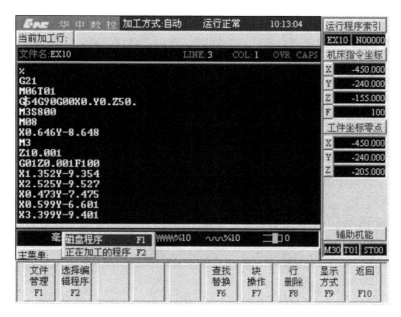

图 7-19　选中正在加工的程序

（1）在"文件管理"菜单中用 ▲、▼ 选中"新建文件"选项，如图 7-20 所示。

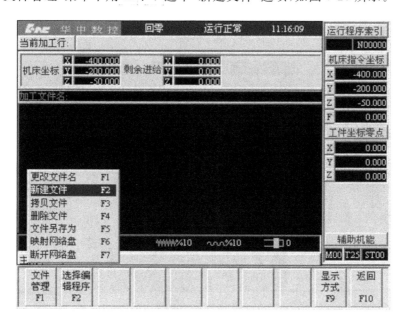

图 7-20　新建文件

（2）在输入新文件名栏输入新文件的文件名如"NEW"。

（3）按"Enter"键，系统将自动产生一个 0 字节的空文件。

注意：新文件不能和当前目录中已经存在的文件同名。

6）保存程序

编辑好程序后，按"F4"键保存文件，如图 7-21 所示。

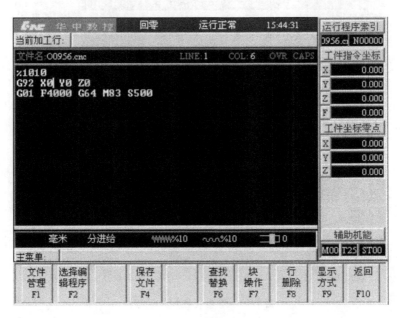

图 7-21　保存程序

7）更改程序名

（1）按"程序编辑"菜单中"文件管理"，如图 7-22 所示。

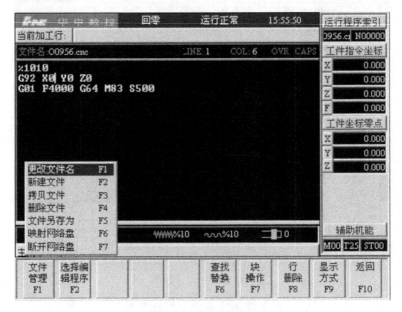

图 7-22　更改文件名

（2）按"F1"键，用上下光标键选择所要更改文件名的程序。

（3）按"Enter"键，用 ◄ 、► 、 BS 、 Del 键进行编辑修改。如图 7-23 所示。

（4）修改好后，按"Enter"键。

（5）如确实要更改选中的程序名按"Y"，否则按"N"。

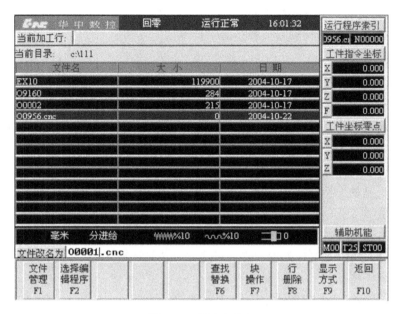

图 7-23　更改文件名

5．程序编辑

1）编辑当前程序(F2)

当编辑器获得一个零件程序后,就可以编辑当前程序了,编辑过程中用到的主要快捷键如下。

Del 删除光标后的一个字符,光标位置不变,余下的字符左移一个字符位置。

PgUp 使编辑程序向程序头滚动一屏,光标位置不变,如果到了程序头则光标移到文件首行的第一个字符处。

PgDn 使编辑程序向程序尾滚动一屏,光标位置不变,如果到了程序尾则光标移到文件末行的第一个字符处。

BS 删除光标前的一个字符,光标向前移动一个字符位置,余下的字符左移一个字符位置。

2）删除一行(F8)

在编辑状态下按"F8"键,将删除光标所在的程序行。

3）查找(F6)

在编辑状态下查找字符串的操作步骤如下。

(1) 在编辑功能子菜单下按"F6"键。

(2) 在查找栏输入要查找的字符串。

(3) 按 Enter 键从光标处开始向程序结尾搜索。

(4) 如果当前编辑程序存在要查找的字符串,光标将停在找到的字符串后,且被查找到的字符串颜色和背景都将改变。

(5) 若要继续查找,按"F8"键即可。

注意:查找总是从光标处向程序尾进行,到文件尾后再从文件头继续往下查找。

4）替换(F6)

在编辑状态下替换字符串的操作步骤如下。

（1）在编辑功能子菜单下按"F6"键。

（2）在被替换的字符串栏输入被替换的字符串。

（3）按 Enter 键。

（4）在用来替换的字符串栏输入用来替换的字符串。

（5）按 Enter 键从光标处开始向程序尾搜索。

（6）按"Y"键则替换所有字符串，按"N"键则光标停在找到的被替换字符串后。

（7）按"Y"键则替换当前光标处的字符串，按"N"键则取消操作。

（8）若要继续替换按"F8"键即可。

注意：替换也是从光标处向程序结尾进行，到文件尾后再从文件头继续往下替换。

5）删除程序

（1）按"程序编辑"菜单中"文件管理"。

（2）按"F4"键，用上下光标选择要删除的程序如 NEW. cnc。

（3）按"Enter"键。

（4）如确实要删除选中的程序按"Y"，否则按"N"。

6. 启动、暂停、中止、再启动

1）启动自动运行

系统调入零件加工程序后，经校验无误可正式启动自动运行。

（1）按一下机床控制面板上的 自动 按键（指示灯亮），进入程序运行方式；

（2）按一下机床控制面板上的 循环启动 按键（指示灯亮），机床开始自动运行调入的零件加工程序。

2）暂停运行

在程序运行的过程中需要暂停运行可按下述步骤操作。

（1）在程序运行子菜单下按"F7"键。

（2）按"N"键则暂停程序运行并保留当前运行程序的模态信息。

3）中止运行

在程序运行的过程中需要中止运行可按下述步骤操作。

（1）在程序运行子菜单下按"F7"键。

（2）按"Y"键则中止程序运行并卸载当前运行程序的模态信息。

4）暂停后的再启动

在自动运行暂停状态下，按一下机床控制面板上的 循环启动 按键，系统将从暂停前的状态重新启动继续运行。

5）重新运行

在当前加工程序中止自动运行后希望从程序头重新开始运行时，可按下述步骤操作。

（1）在程序运行子菜单下按"F4"键。

（2）按"Y"键则光标将返回到程序头，按"N"键则取消重新运行。

（3）按机床控制面板上的 循环启动 按键，从程序首行开始，重新运行当前加工程序。

6）空运行

在自动方式下按一下机床控制面板上的 空运行 按键（指示灯亮），CNC 处于空运行状态，程序中编制的进给速率被忽略,坐标轴以最大快移速度移动。空运行不做实际切削,目的在于确认切削路径及程序,在实际切削时,应关闭此功能,否则可能会造成危险,此功能对螺纹切削无效。

7) 单段运行

按一下机床控制面板上的 ![按键] 按键(指示灯亮),系统处于单段自动运行方式,程序控制将逐段执行。

(1) 按一下 ![按键] 按键运行一程序段,机床运动轴减速停止,刀具、主轴电动机停止运行。

(2) 再按一下 ![按键] 按键又执行下一程序段,执行完了后又再次停止。

7. 运行时干预

1) 进给速度修调

在自动方式或 MDI 运行方式下,当 F 代码编程的进给速度偏高或偏低时,可用进给修调右侧的“100%”和“+”“－”按键,修调程序中编制的进给速度。

按压“100%”按键(指示灯亮),进给修调倍率被置为 100%,按一下“+”按键进给修调倍率递增 5%,按一下“－”按键,进给修调倍率递减 5%。

2) 快移速度修调

在自动方式或 MDI 运行方式下,可用快速修调右侧的“100%”和“+”、“－”按键,修调G00 快速移动时系统参数最高快移速度设置的速度。

按压“100%”按键(指示灯亮),快速修调倍率被置为 100%,按一下“+”按键快速修调倍率递增 5%,按一下“－”按键,快速修调倍率递减 5%。

3) 主轴修调

在自动方式或 MDI 运行方式下,当 S 代码编程的主轴速度偏高或偏低时,可用主轴修调右侧的“100%”和“+”、“－”按键修调程序中编制的主轴速度。

按压“100%”按键(指示灯亮),主轴修调倍率被置为 100%,按一下“+”按键,主轴修调倍率递增 5%,按一下“－”按键,主轴修调倍率递减 5%。机械齿轮换挡时主轴速度不能修调。

注意:以上操作车床和铣床相同。

8. 数据设置(铣床操作中)

1) 坐标系

MDI 输入坐标系数据的操作步骤如下。

(1) 在 MDI 功能子菜单下按“F3”键进入坐标系手动数据输入方式,图形显示窗口首先显示 G54 坐标系数据,如图 7-24 所示。

(2) 按“PgDn”或“PgUp”键,选择要输入的数据类型:G55、G56、G57、G58、G59 坐标系当前工件坐标系的偏置值(坐标系零点相对于机床零点的值),或当前相对值零点。

(3) 在命令行输入所需数据,如输入“X200 Y300”,并按“Enter”键,将 G54 坐标系的 X 及 Y 偏置分别设置为 200、300,如图 7-25 所示。

(4) 若输入正确,图形显示窗口相应位置将显示修改过的值,否则原值不变。

注意:编辑的过程中在按“Enter”键之前,按“Esc”键可退出编辑,但输入的数据将丢失,系统将保持原值不变,下同。

2) 刀库表

MDI 输入刀库数据的操作步骤如下。

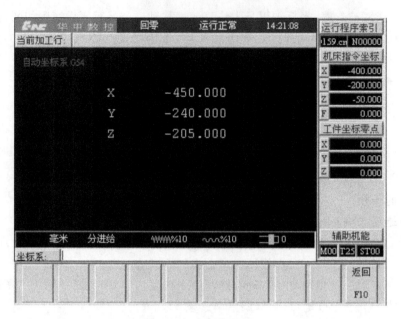

图 7-24　坐标系设置

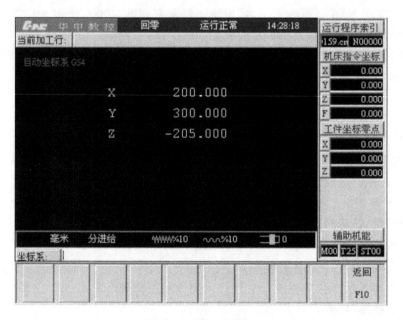

图 7-25　输入偏置值

（1）在 MDI 功能子菜单下按"F1"键，进行刀库设置，图形显示窗口将出现刀库数据，如图 7-26 所示。

（2）用 ▲、▼、◄、►、PgUp、PgDn 移动蓝色亮条选择要编辑的选项。

（3）按"Enter"键，蓝色亮条所指刀库数据的颜色和背景都发生变化，同时有一光标在闪烁，如图 7-27 所示。

（4）用 ◄、►、BS、Del 键进行编辑修改。

（5）修改完毕，按 Enter 键确认。

图 7-26　刀库设置

图 7-27　输入数据

（6）若输入正确，图形显示窗口相应位置将显示修改过的值，否则原值不变。

3）刀具表

MDI 输入刀具数据的操作步骤如下。

（1）在 MDI 功能子菜单下按"F2"键进行刀具设置，图形显示窗口将出现刀具数据，如图 7-28 所示。

（2）用 ▲、▼、◄、►、PgUp、PgDn 移动蓝色亮条选择要编辑的选项。

（3）按"Enter"键，蓝色亮条所指刀具数据的颜色和背景都发生变化，同时有一光标在

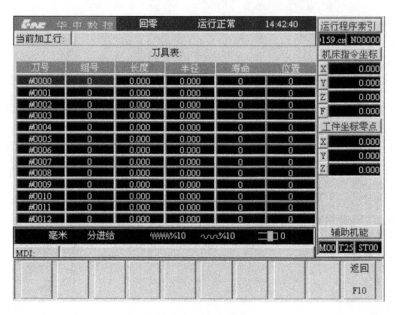

图 7-28　刀具设置

闪烁。

　　(4) 用 ◄ 、► 、BS 、Del 键进行编辑修改。

　　(5) 修改完毕按"Enter"键确认。

　　(6) 若输入正确,图形显示窗口相应位置将显示修改过的值,否则原值不变。

　　9. 数据设置(车床操作中)

　　1) 坐标系

　　MDI 输入坐标系数据的操作步骤如下。

　　(1) 在 MDI 功能子菜单下按"F4"键进入坐标系手动数据输入方式,图形显示窗口首先显示 G54 坐标系数据。

　　(2) 按 PgDn 或 PgUp 键,选择要输入的数据类型:G55、G56、G57、G58、G59 坐标系当前工件坐标系的偏置值(坐标系零点相对于机床零点的值),或当前相对值零点。

　　(3) 在命令行输入所需数据,如输入"X200 Z300",并按"Enter"键,将 G54 坐标系的 X 及 Z 偏置分别设置为 200、300,如图 7-29 所示。

　　(4) 若输入正确,图形显示窗口相应位置将显示修改过的值,否则原值不变。

　　2) 刀库表

　　MDI 输入刀库数据的操作步骤如下。

　　(1) 在 MDI 功能子菜单下按"F1"键,进行刀库设置,图形显示窗口将出现刀库数据。

　　(2) 用 ▲ 、▼ 、◄ 、► 、PgUp 、PgDn 移动蓝色亮条选择要编辑的选项。

　　(3) 按"Enter"键,蓝色亮条所指刀具数据的颜色和背景都发生变化,同时有一光标在闪烁。

　　(4) 用 ◄ 、► 、BS 、Del 键进行编辑修改。

　　(5) 修改完毕,按"Enter"键确认。

　　(6) 若输入正确,图形显示窗口相应位置将显示修改过的值,否则原值不变。

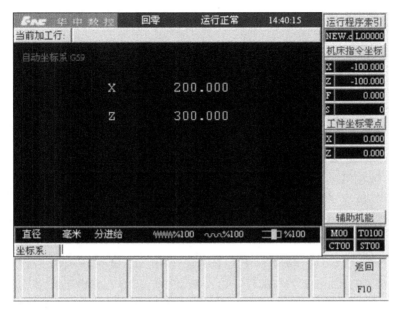

图 7-29　设置工件坐标系

3）刀偏表

MDI 输入刀偏数据的操作步骤如下。

（1）在 MDI 功能子菜单下按"F2"键进行刀偏设置，图形显示窗口将出现刀具数据。

（2）用 ▲ 、▼ 、◄ 、► 、PgUp、PgDn 移动蓝色亮条选择要编辑的选项。

（3）按"Enter"键，蓝色亮条所指刀具数据的颜色和背景都发生变化，同时有一光标在闪烁。

（4）用 ◄ 、► 、BS 、Del 键进行编辑修改。

（5）修改完毕，按"Enter"键确认。

（6）若输入正确，图形显示窗口相应位置将显示修改过的值，否则原值不变。

4）刀补表

MDI 输入刀补数据的操作步骤如下。

（1）在 MDI 功能子菜单下按"F3"键进行刀补设置，图形显示窗口将出现刀具数据。

（2）用 ▲ 、▼ 、◄ 、► 、PgUp、PgDn 移动蓝色亮条选择要编辑的选项。

（3）按"Enter"键，蓝色亮条所指刀具数据的颜色和背景都发生变化，同时有一光标在闪烁。

（4）用 ◄ 、► 、BS 、Del 键进行编辑修改。

（5）修改完毕，按"Enter"键确认。

（6）若输入正确，图形显示窗口相应位置将显示修改过的值，否则原值不变。

参考文献

[1]　杨叔子.机械加工工艺师手册[M].北京:机械工业出版社,2002.

[2]　马贤智.实用机械加工手册[M].沈阳:辽宁科学技术出版社,2002.

[3]　张明建,杨世成.数控加工工艺规划[M].北京:清华大学出版社,2009.

[4]　方新.数控机床与编程[M].北京:高等教育出版社,2007.

[5]　胡友树.数控车床编程操作及实训[M].合肥:合肥工业大学出版社,2005.

[6]　吴晓光,何国旗,谢剑刚,等.数控加工工艺与编程[M].武汉:华中科技大学出版社,2011.

[7]　陈蔚芳,王宏涛,薛建彬,等.数控技术及应用[M].北京:科学出版社,2008.

[8]　陈洪涛.数控加工工艺与编程[M].2 版.北京:高等教育出版社,2009.

[9]　王灿,张改新,董锷.数控加工基本技能实训教程[M].北京:机械工业出版社,2007.

[10]　周晓宏.数控加工工艺师[M].北京:机械工业出版社,2011.

[11]　张洪江.数控机床与编程[M].北京:北京大学出版社,2009.

[12]　顾京.数控机床加工程序编制[M].北京:机械工业出版社,2009.

[13]　周湛学.数控编程速查手册[M].北京:化学工业出版社,2008.

[14]　田萍.数控机床加工工艺及设备[M].北京:中国电力出版社,2009.

[15]　黄克进.机械加工操作基本实训[M].北京:机械工业出版社,2004.

[16]　孙德茂.数控机床车削加工直接编程技术[M].北京:机械工业出版社,2007.

[17]　余英良.数控加工编程与操作[M].北京:高等教育出版社,2005.

[18]　胡友树.数控车床编程、操作及实训[M].合肥:合肥工业大学出版社,2005.

[19]　吴晓光.数控加工工艺与编程[M].武汉:华中科技大学出版社,2010.

[20]　杨建明.数控加工工艺与编程[M].北京:北京理工大学出版社,2006.

[21]　张兆降.数控加工工艺与编程[M].北京:机械工业出版社,2008.

[22]　丛娟.数控加工工艺与编程[M].北京:机械工业出版社,2007.

[23]　北京发那科公司.FANUC Series 0i Mate-TC 操作说明书.

[24]　北京发那科公司.FANUC Series 0i Mate-TM 操作说明书.